人生，是对自己负责的修行

生活或许很搞，心态不能衰老。

刘川◆编著

中国華僑出版社

图书在版编目（CIP）数据

人生，是对自己负责的修行/刘川编著．—北京：中国华侨出版社，2014.9

ISBN 978－7－5113－4909－5

Ⅰ．①人…　Ⅱ．①刘…　Ⅲ．①人生哲学－通俗读物
Ⅳ．①B821－49

中国版本图书馆 CIP 数据核字（2014）第 216654 号

●人生，是对自己负责的修行

编　　著/刘　川
责任编辑/文　筝
封面设计/智杰轩图书
经　　销/新华书店
开　　本/710 毫米×1000 毫米　1/16　印张 16　字数 200 千字
印　　刷/北京溢漾印刷有限公司
版　　次/2014 年 11 月第 1 版　2014 年 11 月第 1 次印刷
书　　号/ISBN 978－7－5113－4909－5
定　　价/32.00 元

中国华侨出版社　北京朝阳区静安里 26 号通成达大厦 3 层　邮编 100028
法律顾问：陈鹰律师事务所
编辑部：（010）64443056　64443979
发行部：（010）64443051　传真：64439708
网　址：www.oveaschin.com
e-mail：oveaschin@sina.com

前言

一个故事可以影响一个人的一生，一个哲理可以改变千万人的命运。人生就像弈棋，一步失误全盘皆输。但不同的是，人生还不如弈棋，因为任何人都没有再来一局的机会。所以必须对自己的人生负责！

生活就是一本书，我们都是它的读者。无论怎样，我们都曾快乐过，痛苦过，那种酸甜苦辣的滋味，真是只有自己心里最清楚。快乐时，我们希望这种时光长久下去，充分享受人生的美好；痛苦时，我们又急切地盼望这种心境立即消失，换一种心态去迎接另一天。其实，生活中大大小小的坑洼太多，甚至还出现人为的陷阱，这些都是你走向成熟、走向成功的障碍，因此，我们苦恼着、痛苦着。

在人生的旅途中，最糟糕的境遇往往不是贫困，不是厄运，而是精神和心境处于一种无知无觉的疲惫状态：感动过你的一切不能再感动你，吸引过你的一切不能再吸引你，甚至激怒过你的一切不能再激怒你。这时，人就需要寻找另一片风景。

一个人面对生活的曲折是非，最大的忌讳是过多地抱怨生活，从而自暴自弃。这种人除了在自己的心中装满委屈和遗憾之外，剩下的就只是浪费大把的光阴。也许，你的生活并没有这样沉重，只不过是稍不注意擦伤了生活，从而影响了你的心态，以至于略感压抑。

面对纷繁复杂的人生，人们必须在贫与富、得与失、悲与喜、爱与恨面前取舍自如、平静应对，在生活的道路上充满自信和坚强，才能品享快乐幸福的人生！

真理往往是简捷明了的，只是由于心灵受到尘埃的蒙蔽，才使得简单的道理变得复杂起来，人生之旅就茫然不知所措了。要学会从容地面对生活中的各种问题，更深刻地理解和把握人生。生命的意义也在于生活的积累，当我们回首某一阶段的人生时，总要有所感悟，有所获得。面对如此丰富的生活，任何冷漠和放任都是对自己的不负责任。在漫长的人生旅途中，多一些坦途，少一些挫折；多一些成就，少一些遗憾；多一些快乐，少一些烦恼……只有全身心的投入，才能真切的感受生活。

前言

一个故事可以影响一个人的一生，一个哲理可以改变千万人的命运。人生就像弈棋，一步失误全盘皆输。但不同的是，人生还不如弈棋，因为任何人都没有再来一局的机会。所以必须对自己的人生负责！

生活就是一本书，我们都是它的读者。无论怎样，我们都曾快乐过，痛苦过，那种酸甜苦辣的滋味，真是只有自己心里最清楚。快乐时，我们希望这种时光长久下去，充分享受人生的美好；痛苦时，我们又急切地盼望这种心境立即消失，换一种心态去迎接另一天。其实，生活中大大小小的坑洼太多，甚至还出现人为的陷阱，这些都是你走向成熟、走向成功的障碍，因此，我们苦恼着、痛苦着。

在人生的旅途中，最糟糕的境遇往往不是贫困，不是厄运，而是精神和心境处于一种无知无觉的疲惫状态：感动过你的一切不能再感动你，吸引过你的一切不能再吸引你，甚至激怒过你的一切不能再激怒你。这时，人就需要寻找另一片风景。

一个人面对生活的曲折是非，最大的忌讳是过多地抱怨生活，从而自暴自弃。这种人除了在自己的心中装满委屈和遗憾之外，剩下的就只是浪费大把的光阴。也许，你的生活并没有这样沉重，只不过是稍不注意擦伤了生活，从而影响了你的心态，以至于略感压抑。

面对纷繁复杂的人生，人们必须在贫与富、得与失、悲与喜、爱与恨面前取舍自如、平静应对，在生活的道路上充满自信和坚强，才能品享快乐幸福的人生！

真理往往是简捷明了的，只是由于心灵受到尘埃的蒙蔽，才使得简单的道理变得复杂起来，人生之旅就茫然不知所措了。要学会从容地面对生活中的各种问题，更深刻地理解和把握人生。生命的意义也在于生活的积累，当我们回首某一阶段的人生时，总要有所感悟，有所获得。面对如此丰富的生活，任何冷漠和放任都是对自己的不负责任。在漫长的人生旅途中，多一些坦途，少一些挫折；多一些成就，少一些遗憾；多一些快乐，少一些烦恼……只有全身心的投入，才能真切的感受生活。

目录

第一章 在人生的斜坡上站稳脚

第二章 让自己无可替代

第三章 生活是一扇若隐若现的门

第四章　掌握生存的法则

第五章 让智慧开始觉醒

第六章　自己才是那颗最可靠的救星

第七章 适时停下追赶时间的脚步

第八章　给梦想插上鲲鹏的翅膀

第九章　让温暖的力量从心底升起

第十章　迎接阳光明媚的春天

第一章
在人生的斜坡上站稳脚

桥

在我很小的时候，不知是谁出了这样一道难题：敌我双方隔着一条河，河上有一座桥，要走完这座桥需两分钟；桥的两头各有一个岗哨，敌方哨兵每隔一分种就出来巡视一次，既不让我们的人过去，也不让他们的人过来。现在，我方欲派一名侦察员过去执行任务，而且桥是唯一的通道。我方侦察员如何才能顺利通过？

几十年过去了，尽管答案我早就知道了——我方侦察员用一分钟走到桥中间，此时敌人的哨兵恰好出来，他也刚好转身往回走，这一往回走给敌方哨兵造成错觉，把他当做自己人吆喝了回去——但我却总品味着这道叫人常品常新的难题。

就我看来，类似这样的难题，几乎任何人都会碰到。无论是在战场上，还是在商场、情场上，抑或是在官场、球场上，我们都会遇到被敌人和对手堵住去路的问题，都会遇到别人绝不让你走“桥”的另一半，而你却必须由此过去的难题。

这样的难题我也遇到过不少。开始时不是一筹莫展，就是硬往前撞。撞，固然表现了足够的勇气，但在某种情况下，勇气只会帮倒忙，只会使你前功尽弃，做出毫无价值的牺牲。随着人生阅历的增长，特别是随着失败次数的不断增多，我在遇到这种难题的时候，常想到故事中的侦察员，也因此常在适当的时候“往回走”了。

虽然并不是每次都能奏效，但是，成功的次数愈来愈多了；对手——各种各样的对手，他们死死把守着那另一半“桥”，也让我奇迹般地走了过来。

然而，“往回走”必须是以“往前走”为前提。不往前走，也就不可能为自己创造往回走的机缘，也就更不存在转过身继续往前走的意义。

更重要的是，“往回走”不一定都是出于计谋。在更多的情况下，“往回走”是为了表现善意、真诚与谦虚，而不是为了表现我们的足智多谋。因为，在更多的情况下，守住那另一半“桥”不愿我们顺利通过的，只是对手而不是敌人。

在我们的人生中，只要出现一分钟必须通过两分钟的桥的情况，不仅要有足够的智慧，还要表现出足够的善意和真诚。人们总是乐意为善意和真诚搭桥让路的，也只有善意和真诚不怕被识破。

我没有鞋他却没有脚

我认识爱波特已经有几年了。那次他告诉我一个动人的故事，我将永远不会忘记。

他说：“我通常是有点烦恼的。但是在 1934 年春天，我在威培城西道菲街散步的时候，目睹了一件事使我一切烦恼为之消解。此事发生于 10 秒钟内，我在这 10 秒钟里，所学得的如何生活，比从前 10 年的还要多。我在威培城开了一间杂货店已经二年，我不但把所有的储蓄都亏掉了，而且我还负债累累，要七年之久才能还清。上星期六，我这间杂货店已经关门了。我现在正向银行贷款才能回堪萨斯再找工作。我走起路来像是一个受过严重打击的人。我已经失去了一切的信念和斗志。可是，我突然瞧见一个没有腿的人迎面走来，他坐在一个木制的装有轮子的可以旋转滑走的盘内。他每一只手撑着一根木棒，沿街推进，我恰好在他过街之后碰见他，他刚开始走几尺路，到人行道去。当他推进他的小木盘，到一个角度时，我们的视线刚好碰到了。他微笑着向我打了个招呼：‘早，先生天气很好，不是吗？’他很有精神地说。当我站着瞧他的时候，我感觉到我是多么的富有呀！我有两条腿，我可以走，我觉得自怜是多么的可耻。我对自己说：要是他没有腿而能快乐、高兴和自信，我有腿，当然也可以。我感到我的胸怀为之开阔起来。我本来只想向银行借一百元，但是，我现在有勇气向它借二百元了。我本来想到堪萨斯城试着找一份工作，但是，现在我自信地宣布我想到堪萨斯城获得工作。最后我钱也借到了，工作也找到了。

“后来我把下面的字，贴在我浴室的镜子上，每天早晨刮脸的时候我都要读一遍：

我忧郁，因为我没有鞋。

直到上街我遇见一个人，他没有脚！”

人生有两件大事：第一，得到你想要的；第二，得到之后就去享受它。但是只有最聪明的人才能做到第二点。很多人并不懂得享受，他们意识不到自己的富有。其实，只要乐观地看待自己并善于用自己的长处，我们都可以成为富有而幸福的人。

让我们先肃立一分钟

“文革”时，一所医学院上人体解剖课，却苦于找不到尸体，恰在此时，一名众叛亲离的“反革命分子”被执行枪决。枪声响过，几个早已等候的老师赶忙用消毒水喷洒尸体后将它运到了医学院。该往尸体的血管中推防腐用的福尔马林了，这时一位教授突然让大家住手，用不容置疑的口吻说道：“现在，让我们先肃立一分钟……”

生命，曾经充满生机充满活力的生命，曾经拥有热望拥有梦想的生命，曾经被人牵念被人祝福的生命，当它永别了太阳永别了月亮的时候，让我们忘记它的伟大或渺小、高贵或低贱，让我们奉上一颗哀戚缅怀的心。

人权

百货公司门前，一位残障的老人经常蹲在那儿卖口香糖。

逛街、看电影的人潮，就在他四周流窜，偶尔传来清脆的铜板的丢掷声，人们自认把爱心也丢了下去。

有的人还会在街头拍照时，为这位老人来个特写，不知道他们认为，这是观光街景，还是能证明人性里的某种素质。

昨天，我又经过老人身边，在一盒盒口香糖上，插了一块纸板，上面写着八个斗大的字："请尊重人权，勿拍照。"

既然为人，自有做人的尊严与权利，这不是别人给的，而是生而有之并需要自己来维护的。尊重自己，然后才能赢得别人的尊重。

一和十万

一个欧洲观光团来到非洲一个叫亚米亚尼的原始部落。部落里有位老者，穿着白袍，盘着腿安静地在一颗菩提树下做草编。草编非常精致，它吸引了一位法国商人。他想：要是将这些草编运到法国，巴黎的妇人戴着这种草编的小圆帽，挎着这种草编的花篮，将是多么时尚多么风情啊！想到这里，商人激动地问："这些草编多少钱一件？"

"10 比索。"老者微笑着回答道。

天哪！这会让我发大财的。商人欣喜若狂。

“假如我买10万顶草帽和10万个草篮，那你打算每一件优惠多少钱？”

“那样的话，就得要20比索一件。”

“什么？”商人简直不敢相信自己的耳朵！他几乎大喊着问，“为什么？”

“为什么？”老者也生气了，“做十万件一模一样的草帽和十万个一模一样的草篮，它会让我乏味死的。”

在追逐财富的过程中，许多现代人忘了生命里金钱之外的许多东西。或许，那位“荒诞”的亚米亚尼老者才真正参悟了人生的真谛。

满掌阳光

姑姑总是不由自主地在同事和朋友面前提到她的女儿：“小姑娘多伶俐可爱，可惜我实在太忙，不得不把她寄养在亲戚家里。”姑姑兴致勃勃的时候，甚至购买许多花衣服，以后，笑逐颜开地赠送给我们姐妹。

其实，姑姑一生没嫁，亦没过继子女。但是全家一直替她保守着这个秘密，直到她仙逝。姑姑是个各方面均成功的女性，唯独没有婚姻，没有女儿，所以比起她的谎言，她个人生活的缺憾更让人同情。我们体味她理解她，在潜意识中替她勾勒并完美着女儿的形象。姑姑的岁月里一直存在一个女儿的，那就是对女儿的渴望。

台湾女作家三毛的好友经过调查披露，三毛书中的爱情故事多属虚构。

所以，当我从报纸上看到这样一则消息的时候，满心都是眼泪。

也许是三毛缠着荷西要结婚；也许荷西仅是潜水师而并非工程师；也许荷西并不是为了三毛才去撒哈拉沙漠；也许他们的爱情并不……但这又有何妨？敏感而多情的三毛一直用心血一个字一个字地描绘她心目中的爱人和爱情，她远离故土，居住在环境恶劣的撒哈拉大漠，身体弱，难道不可以有所寄托，有所幻想，有所憧憬？为何一定要揭开一个善良女人的面纱，坦露她身上的所有瑕疵呢？

我宁可相信三毛的爱情故事，在书中，在想象中，在一切美好的事物中。

我想起小时候的一件事情，父亲摊开两只宽大的手，给我看上面有什么。

“满掌阳光。”我喜悦地叫。

父亲笑了，他还想试图解释，但话到唇边，止住了。

手掌的背面，是一大片阴影。一面明，一面暗，这才是摊开的手的全部内容。但是，我宁可偏信满手都是阳光。这也一定是父亲的美好心愿。

人活着不可能没有阴影，人不就是为了追逐阳光，才一步步远离黑暗的吗？我们的生活中还有很多的不完美，可正因为有了追求，我们才逐渐走近完美。

快乐

一个城市女孩，穿了一条白底碎花的新裙子，高兴得跑去给人看。不慎，新裙子染了一滴墨水——尽管它很小很小，但裙子是女孩的心爱之物，那滴墨水使她心里疙疙瘩瘩的。因为那女孩老是想着裙子上那滴该死的墨水，便郁郁寡欢。渐渐，那滴墨水抵消了她对裙子的爱。之后，它就被弃之一边了。

学校放暑假，那女孩跟父亲的工作组到乡村扶贫，还把她那条因染墨而不穿了的裙子也带了去。后来，那女孩把那条白底碎花的裙子送给了一个乡村女孩，这个乡村女孩见是条裙子，高兴得手舞足蹈，她可是头一回穿裙子呢！尽管她穿上不合体，但在那乡村女孩眼里，世上再没有比裙子更美的服饰了——她快乐得连裙子的式样和大小都不计较，难道她还注意那滴墨水吗？那乡村女孩快乐之极。

快乐的形式如此简单，同是一条裙子，在那个城市女孩眼里，她看到的是裙子上的那滴不起眼的墨水；在那乡村女孩眼里，她却看到了喜之不尽的美。一个人快乐与否，完全取决于他看待事物的角度和衡量事物的标准，看他自己的目光所采撷的是美还是丑。

天堂

一个人历尽艰险在天堂门口欢呼“我来到了天堂”时，看守天堂大门的人诧异地问他：“这里就是天堂？”欢呼者顿时傻了：“你难道不知道这儿是天堂？”

守门人茫然摇头：“你从哪里来？”

“地狱。”

守门人仍是茫然。欢呼者慨然嗟叹：“怪不得你不知天堂何在，原来你没有去过地狱！”

你若渴了，水便是天堂；你若累了，床便是天堂；你若败了，成功便是天堂；你若是痛苦，幸福便是天堂——总之，若没有其中一样，你是断然不会有另一样的。天堂是地狱的终极，地狱是天堂的走廊。当你手中捧着一把沙子时，不要丢弃它们！因为——金子就在其间蕴藏。

学会欢呼

得到一筐红苹果的那天单位里正好有几位同事带小孩来。

问第一个小孩：吃苹果吗？

她想好久，摇摇头走了。

问第二个小孩：吃苹果吗？

他有些勉强：吃就吃一个。

问第三个小孩：吃苹果吗？

他满脸不屑：苹果有什么好吃的？

问第四个小孩：吃苹果吗？

她看一眼就欢呼起来：啊，多漂亮的红苹果！

霎时觉得她无比可爱。

想起不久前看到一则报道，说是有一个由10个中国孩子和10个俄罗斯孩子组成的夏令营，10个中国孩子是北方某省会城市从几十万少年儿童中挑选出来的“十小明星”，怎么说都应是很出色的。

与异国孩子相比，“小明星”差距很大，不会打排球，登山缺乏朝气，唱歌跳舞不如人家……

这些我倒不觉得怎么样，让我在意的是，我们的“小明星”竟然不会欢呼。在举行联欢时，我们演了节目，俄罗斯儿童热情鼓掌，欢呼雀跃；而他们的节目尽管也十分精彩，我们的“小明星”却几乎没有反应，在老师的带领下，才礼节性地鼓了几个掌。

无论是红苹果还是精彩节目，对美好的东西发出由衷的欢呼，不是孩子的天性吗？这种欢呼，在成人中由于种种原因已日渐稀少，但究竟是为什么，连孩子都不大会欢呼了呢？而且还是些“出色”的孩子？

我们坚信，能当场欢呼美好的人也定能当场鞭挞丑恶，大街上面对坏人坏事的漠然旁观，即始于对美好的漠然。让我们学会欢呼，学会享受美好。

爱和自由

一个小女孩捉住了一只美丽的小鸟，拿去给祖母看，祖母说：“宝贝，你真的喜欢它吗?”

“当然。”

“那就放了它。”

“为什么?”

“因为它不喜欢笼子，笼子里的生活会杀了它。”祖母严厉地说，“你要永远记着：如果你真喜欢某个有生命的东西，首先要给她的就是自由。”

若是真爱，你首先要给他的应是自由。自由意味着你对生命本身的一种尊重。如果你爱她，又怎么能不尊重她？如果不尊重她，又怎么真爱她？给她自由，也是给你自己自由。

为自己掌舵

西方哲学家蓝姆·达斯曾讲了这样一个真实的故事：

一个因病而剩下数周生命的妇人，一直把所有的精力都用来思考和谈论死有多恐怖。

以安慰垂死之人著称的蓝姆·达斯当时便直截了当地劝她说："你是不是可以不要花那么多时间去想死，而把这些时间用来活呢？"

他刚对她这么说时，那妇人觉得非常不快。但当她看出蓝姆·达斯眼中的真诚时，便慢慢地领悟了他话中的诚意。

"说得对！"她说，"我一直忙着想死，完全忘了该怎么活了。"

一个星期之后，那妇人还是过世了。她在死前她充满感激地对蓝姆·达斯说："过去一个星期，我活得要比前一阵子丰富多了。"

这个故事有些极端，但它说明精力都是在反悔、抱怨、遗憾中逐渐浪费的。

当我们在面对生命中不可避免的病痛、损失、挫败的时候，常常会因为不断地专注于病痛、折磨、惧怕的本身，而使得日子更加难过，甚至许多人因此觉得活不下去了，而率然走上轻生的不归路。没有人喜欢面对人生痛苦的部分，但那些明了自己思想动力、愿意自我掌控自身命运的人，却能够避免将现有的苦痛不断放大，而具备较佳的应对能力。

我祝福你

到故宫博物院去看历代金铜佛像展览，下山的时候感到尿急，就跑到附近的公共厕所小解。

在小便池的旁边看见一行小字："请抬头看看上面。"我忍不住抬头往上看，发现在接近天花板的上方写着："你还是王八蛋。"下面用小字写着："请再转头看看后面。"

我忍不住再转过头，看见接近天花板的上方写着："你还是王八蛋。"下面又用小字写着："这一点是毫无疑问的。"

从公共厕所走出来的时候，我啼笑皆非，仿佛走进了连环套中，心里想着：这是哪一个无聊人士的杰作呢？这显然是一个聪明人在嘲笑世间，也仿佛是一个愚蠢的人在捉弄自己。

谁是王八蛋？实未可知。

我们的时间如此有限，它可以用来做些有意义或无意义的事，那为什么不做一些有意义的事呢？我们的生命如此仓促，可以用善意的祝福或恶意的嘲弄来面对世界，那为何不选择那善意的祝福呢？

跳蚤与爬蚤

科学家做过一个有趣的实验：

他们把跳蚤放在桌上，一拍桌子，跳蚤迅速跳起，跳起的高度均在其身高的100倍以上，堪称世界上跳得最高的动物！然后他们在跳蚤头上罩一个玻璃罩，再让它跳：这一次跳蚤碰到了玻璃罩。连续多次后，跳蚤改变了起跳高度以适应环境，每次跳跃总保持在罩顶以下高度。接下来，科学家逐渐改变了玻璃罩的高度，跳蚤都在碰壁后主动改变自己的高度。最后，玻璃罩接近桌面，这时跳蚤已无法再跳了。科学家于是把玻璃罩打开，再拍桌子，跳蚤仍然不会跳，变成“爬蚤”了。

跳蚤变成“爬蚤”，并非它已丧失了跳跃的能力，而是由于一次次受挫学乖了，习惯了，麻木了。最可悲之处就在于，实际上玻璃罩已经不存在了，它却连“再试一次”的勇气都没有。玻璃罩已经罩在潜意识里，罩在了心灵上，行动的欲望和潜能已被自己扼杀掉！科学家把这种现象叫做“自我设限”。

很多人的遭遇与此跳蚤极为相似。在成长的过程中，特别是幼年时代，遭受外界（包括家庭）太多的批评、打击和挫折，于是奋发向上的热情、欲望被“自我设限”压制封杀，没有得到及时的疏导和激励，于是既对失败惶恐不安，又对失败习以为常，丧失了信心和勇气，渐渐养成了懦弱、犹疑、狭隘、自卑、孤僻、害怕承担责任、不思进取、不敢拼搏的精神状态。

最后的话

内德·兰塞姆是美国纽约州最著名的牧师，无论在富人区还是贫民窟都享有极高的威望，他一生一万多次亲临临终者的床前，聆听临终者的忏悔。他的献身精神不知感化过多少人。

1967 年，84 岁的兰塞姆由于年龄的关系，已无法走近需要他的人。他躺在一间教学楼里，打算用生命的最后几年写一本书，把自己对生命、对生活、对死亡的认识告诉世人。他多次动笔，几易其稿，都感觉到没有说出他心中要表达的东西。

一天，一位老妇人来敲他的门，说自己的丈夫快要不行了，临终前很想见见他。兰塞姆不愿让这位远道而来的妇人失望，于是在别人的搀扶下，他去了。

临终者是位布店老板，已 72 岁，年轻时曾和著名音乐指挥家卡拉扬一起学吹小号。他说他非常喜欢音乐，当时他的成绩远在卡拉扬之上，老师也非常看好他的前程，可惜 20 岁时，他迷上了赛马，结果把音乐荒废了，要不然他可能是一个相当不错的音乐家。现在生命快要结束了，而自己却一生庸碌，他感到非常遗憾。他告诉兰塞姆，到另一个世界里，他决不会再做这样的傻事，他请求上帝宽恕他，再给他一次学习音乐的机会。兰塞姆很体谅他的心情，尽力安抚他，答应回去后为他祈祷，并告诉他，这次忏悔，使牧师也很受启发。

兰塞姆回到教堂，拿出他的 60 多本日记，决定把一些人的临终忏悔编成一本书，他认为无论自己如何论述生死，都不如这些话能给人们以启迪。他给书起了个名字，叫《最后的话》，书的内容也从日记中圈出。可是在芝加哥麦金利影印公司承印该书时，芝加哥发生了大地震，兰塞姆的 63 本日记毁于火灾。1972 年《基督教真理箴言报》非常痛惜地报道了这件事，把它称为基督教世界的“芝加哥大地震”。兰塞姆也深感痛心，他知道凭他的余年是不可能再回忆出这些东西的，因为那一年他已是 90 高龄的老人。

兰塞姆 1975 年去世。临终前，他对身边的人说，基督画像的后面有一只牛皮信封，那里有他留给世人“最后的话”。兰塞姆去世后，葬在新圣保罗的大教堂，他的墓碑上工工整整地刻着他的手迹：假如时光可以倒流，世上将有一半的人成为伟人……

另据《基督教真理箴言报》报道，这块墓碑也是世界上唯一一块带有省略号的墓碑。

假如时光可以倒流，世上将有一半的人成为伟人……但时光不能倒流，我们只能早作悔悟，而不是等到生命的尽头才意识到：自己本可以成为另一种人。常常反省、修正自己的人生之路，让生命之旅发出应有的光辉。

生命里的放过

小时候自己经历过这样一件事：

那时我们住在粤北一个矿山，那山很高，海拔大约有一千多米，因为这矿山开得久的缘故，平时很少见到野生动物。记得那已是秋天了，一天早晨，房外边一阵异常的喧哗声把我吵醒了，我跑到外边才知道：原来有一头麂子误入了矿区。

这是一头漂亮的小鹿子，它有一身淡黄色的小绒毛，上面散落着一些黑色和白色的斑点；它四肢修长，休格并不健壮，却也不失矫健。我父亲和邻居们已把它团团围住了，他们手中都拿着一根木棍。我也随手捡了一块石头，加入了围捕的行列。

呐喊声越来越大，包围圈越缩越小，小鹿子正在艰难地左冲右突，它显然已是走投无路了。在绝望中它急速地转了一个圈，环视着四周，此时我忽然与它的双眼对视了。我发现那是一双充满悲哀与凄凉的眼睛，闪动着泪光，生动而真实。我的心灵被震撼了，那双眼睛里有着与人类相通的地方。我觉得它不应该成为人们餐桌上的美味，而应该在大森林里自由自在地生活。

鹿子大概看出了我的犹豫，在这电光火石之间，它朝着我这边奋力一跳，姿势是那样优美，距离短到以至于伸手就可以把它抓住。在人们的呼声中，小鹿子跳出了包围圈。到手的猎物跑了，我成了邻居们埋怨的对象。

生命中有许多东西是需要放过的。放过，有时是为了求得一份心灵的安宁，有时是为了获得一个更广阔的天空。放过是一种境界，是一种高度。

我们生命中的雪

去年春节，我由冬天也开花的南国特区乘火车北归。同车厢的几乎都是回家过年的湖南、湖北或更远地方的打工仔、打工妹，车厢里拥挤而嘈杂。

列车在有节奏的轰鸣声中行驶，人们昏昏欲睡。突然，不知是谁大叫一声：“快看，雪！”所有的头都伸向窗口，但见拐弯处的一片旷野上，山白地白。车厢里的人们激动起来，有个打工妹禁不住泪光莹莹。

那一刻我心中一颤。这些劳作在社会底层的打工一族，以青春的明媚抵挡过许多大寒大暑，那份磨炼出的坚韧，却在故乡的一片雪花中酥软。

雪哟，那些晶莹、洁白的雪，以一种无语的昭示，飘落在天南地北游子们的心原。

幸福是每个人都应该享受的权利，我们可以没有显赫的地位，可以没有悠闲的生活，但我们决不可以没有对幸福的向往与追求。幸福就像雪花一样蕴含在我们的普通生活中。当生命中的雪飘落，让我们张开双臂去拥抱。

人生有岸

1991年南方发大水，有许多游客被围在黄山，不是一天，而是十几天。

当大水终于退去，电话被重新接通，人们排着队，按着每人一分钟的对话标准，向各自的亲人联络。

"我在这里很好，放心，这两天就回去!"

不约而同，大家都如是说。

面对危险，我们最希望的是让那些关心我们的人知道我们平安无事。那些忧虑、那些望穿秋水、那些寝食难安，都被轻轻推到平安话的后面。人生有岸，有温情作舟，渡之何难?

心灵的珍藏

姨妈从千里迢迢的南洋回来，第一件事，就是拿着锄头，来到村头的那棵大榕树下大挖起来。40多年前，她所爱的人赠给她一枚金戒指，当时因为土匪常常洗劫这个村庄，为了心爱之物的安全，她悄悄地把它埋在老榕树的第8条浮根下。

在那兵荒马乱的年代，有些事是无法预料的。有一天，她来不及带走那枚戒指，便随外祖父去了南洋……

后来，姨妈在南洋与一个医生结了婚，她的初恋成为乡愁的一部分，那个送戒指的龙哥也在故乡结婚生子。几十年风雨，不知带走多少叹息与泪水，往事如烟，只有那枚爱的戒指一直在她心灵深处发光。

姨妈的婚姻是幸福的，但左眼骗不了右眼，她自己心里明白，有一个人一直在白云深处微笑如初。

几十年时世变迁，第8条浮根下的戒指居然还在，那一条红丝巾已烂了，但真金依然闪光，并带有一丝说不出的温暖，如阳光的结晶。

而当年的龙哥已在3年前去世，姨妈手戴戒指在他坟前跪了一个下午。回南洋的前一天晚上，我妈劝她"看开一点"，姨妈淡淡地一笑，说："其实，我只想看看心灵里的东西能保存多久。我已归于平静。我珍惜现在的一切。"

曾经的幸福与伤痛都可以成为心灵的珍藏，但不应该成为心灵的负担。面对现有的一切，我们应该学会珍惜，这样才能让心灵的珍藏留下更多的幸福而不是伤痛。

花开了就感谢

女儿睡觉前，除了要给她讲一个故事外，她自己也有一个任务，即要回忆自己一天来所经历的人和事，并要在心中默默“感激”三个人、三件事。

这个“任务”是我安排的，我想让她从小学会看到人生美好的一切，并真心地感恩。一个常常感恩的人，才会惜福，才会快乐，心灵才会圆满温润。

这天晚上，女儿在钢琴边发呆了许久，我以为她困了，便叫她上床睡觉。可她似乎没有什么反应，显然她在深思什么，我便提醒地问她今天“感谢过了”吗?

小女为难地告诉我，今天，她谢过了为自己剪指甲的奶奶，为她上琴课的老师，为她们班做卫生的钟点工以及老天没下雨等……可是，还少一件事需要感谢，想来想去，她不知还要谢什么，正伤脑筋呢。

我建议说，只要让你快乐的事，都值得去感激。这时，女儿歪着头问我，妈妈种的茉莉花，在阳台上开花了，这事令她最开心了，那么香，那么美，她要谢谢花开了!

想不到女儿如此有心，而且诗意盎然。

我也被她感动了。而最初，是花感动了她。

6 岁的女儿，已开始会感谢花开；等到秋天，她就会感激硕果；到了冬天，她一定会觉得富饶满足。

心怀感念，我们会生活得更加快乐和幸福。生活中有很多值得我们感激的人和事，是他们，让我们拥有了现在的一切。想到生命中有这么多的事物在支撑着我们，我们该知足了。

女士，您富有吗

他们蜷缩在风门里面——是两个衣着破烂的孩子。

“有旧纸板吗，女士？”

我正在忙着，我本想说没有——可是我看到了他们的脚。他们穿着瘦瘦的凉鞋，上面沾满了雪水。“进来，我给你们喝杯热可可奶。”他们没有答话，但他们那湿透的凉鞋在炉边留下了痕迹。

我给他们端来可可奶、吐司面包和果酱，为的是让他们抵御外面的风寒。之后，我又返回厨房，接着做我的家庭预算……

我觉得前面屋里很静，便向里面看了一眼。

那个女孩把空了的杯子拿在手上，看着它。那男孩用很平淡的语气问：“女士……您富有吗？”

“我富有吗？上帝，不！”我看着寒酸的外衣说。

那个女孩子把杯子放进盘子里，小心翼翼地说：“您的杯子和盘子很配套。”她的声音带着嘶哑，带着并不是从胃中传来的饥饿感。

然后他们就走了，带着他们用以御寒的旧纸板。他们没有说一句谢谢。他们不需要说，他们已经做了比说谢谢还要多的事情。蓝色瓷杯和瓷盘虽然是俭朴的，但它们很配套。我捡出土豆并拌上了肉汁，我有一间屋子住，我丈夫有一份稳定的工作——这些事情都很配套。

我把椅子移回炉边，打扫着卧室。那小凉鞋踩的泥印子依然留在炉边，我让它们留在那里。我希望它们在那里，以免我忘了我是多么富有。

可以给予的人一定是富有的人，至少他是精神上的富有者。当我们拥有了一颗仁爱的心，当我们可以给需要帮助的人一点点关爱，我们是有理由为自己的富有而自豪的。

人性的光荣

在一场血腥的战争中，双方士兵有数百人受伤。战场上炮火持续不断，都无法去救回受伤的士兵。伤者痛苦的呻吟，呼求要水喝的惨叫此起彼伏。可是，除了炮弹的爆炸声，听不到一点回应。在壕沟里，有位叫柯克兰的勇敢士兵，实在受不了那痛苦的哀号，他要求指挥官派他去送水救治。

指挥官对他说，在这种情形下出去救人，必死无疑。但是他坚持要求去。指挥官为他的精神所感动，答应了。士兵跳出战壕，提着水，开始了舍生忘死的救助。当他靠近第一个伤兵时，双方对垒的士兵，都用惊奇的目光望着他，看他怎样轻轻扶起伤者的头，把水送入伤员焦灼的口里。敌方的士兵看到他是在救自己的同胞，都停止了射击。

这位士兵继续工作了一个半小时，把水给渴的人喝，帮助他们睡着，让他们的头枕在背包上，并给他们盖上军毯和上衣，就像母亲照料自己的孩子那样周到……死亡的炮火声为此完全沉寂了五分钟。

这是发生在美国内战中的一个真实的故事。

人最宝贵的是生命，对生命的尊重也是对人性的尊重。人是有感情的动物，为万物之灵长，人性则是人类区别于其他生物的重要标志。只可惜人性中也有被外界改变了的阴暗的一面，让我们更多地唤起人性中的美好吧！

等诗

从前有个年轻的农夫，他要与情人约会。小伙子性急，来得太早，又不会等待。他无心观赏那明媚的阳光、迷人的春色和娇艳的花姿，却急躁不安，不停地在大树下长吁短叹。

忽然他面前出现了一个侏儒。“我知道，你为什么闷闷不乐。”侏儒说，“拿着这钮扣向右一转，你就能跳过时间，要多远有多远。”

这倒合小伙子的胃口。他握着钮扣，试着一转：啊，情人已出现在眼前，还朝他送秋波呢。真棒嗳！他心里想，要是现在就举行婚礼，那就更棒了。他又转了一下钮扣：

隆重的婚礼，丰盛的酒席，他和情人并肩而坐，周围管乐齐鸣，悠扬醉人。他抬起头，盯着妻子的眸子，又想，现在要是只有我们俩该多好！他悄悄转了一下钮扣：

立时夜深人静……他心中的愿望层出不穷。

我们应有房子。他转动着钮扣：夏天和房子一下子飞到他眼前，房子宽敞明亮，迎接主人。我们还缺几个孩子，他又迫不及待，使劲转了一下钮扣：

日月如梭，顿时他已儿女成群。

站在窗前，他眺望葡萄园，真遗憾，它尚未果实累累。偷转钮扣，飞越时间。脑子里愿望不断，他又总急不可待，将钮扣一转再转。生命就这样从他身边急驶而过。还没来得及思索其后果，他已老态龙钟，衰卧藤榻。至此，他再也没有要为之而转动钮扣的力气了。回首往昔，他不胜追悔自己的性急失算：

我不注意德行，一味追求满足，恰如馋人偷吃蛋糕里的葡萄干一样。

眼下，因为生命已风烛残年，他才醒悟——即使等待，在生活中亦有其意义，唯其有它，愿望的才更令人高兴。

他多么想将时间往回转一点啊！他握着钮扣，浑身颤抖，试着向左一转，扣子猛地一动，他从梦中醒来，睁开眼，见自己还在那生机勃勃的树下等着可爱的情人，然而现在他已学会了等待。一切不安已烟消云散。他平心静气地看着蔚蓝的天空，听着悦耳的鸟语，逗着草丛里的甲虫。等待是难耐的，也是很有意义的。我们在等待中行动，我们在等待中享有，正因为在等待时我们带着美好的愿望，我们才用心领悟到生命的真谛。人生本就是一个过程，我们不是在等待它的结束，而是在这过程中享受它的一切。

彩票

尤利乌斯是一个画家，而且是一个很不错的画家。他画快乐的世界，因为他自己就是一个快乐的人。不过没人买他的画，因此他想起来会有点伤感，但只是一会儿。

“玩玩足球彩票吧！”他的朋友们劝他，“只花两马克便可赢很多钱！”

于是尤利乌斯花两马克买了一张彩票，并真的中了彩！他赚了50万马克。

“你瞧！”他的朋友都对他说，“你多走运啊！现在你还经常画画吗？”

“我现在就只画支票上的数字！”尤利乌斯笑道。

尤利乌斯买了一幢别墅并对它进行一番装饰。他很有品味，买了许多好东西：阿富汗地毯、维也纳框橱、佛罗伦萨小桌、迈森瓷器，还有古老的威尼斯吊灯。

尤利乌斯很满足地坐下来，他点燃一支香烟静静地享受他的幸福。突然他感到好孤单，便想去看看朋友。他把烟往地上一扔，在原来那个石头做的画室里他经常这做，然后他就出去了。

燃烧着的香烟躺在地上，躺在华丽的阿富汗地毯上……一个小时以后别墅变成一片火的海洋，它完全烧没了。

朋友们很快就知道这个消息，他们都来安慰尤利乌斯。

“尤利乌斯，真是不幸呀！”他们说。

“怎么不幸了？”他问。

“损失呀！尤利乌斯，你现在什么都没有了。”

“什么呀？不过是损失了两个马克。”

人生不应该有太多的牵挂与负荷。现在拥有的，我们应该珍惜；已经失去的，也没必要再为之哭泣。抬头向前看，会有更美好的生活在等着你；只要还有一颗乐观向上的心，人生会一路充满阳光。

生命的真相

我来到一个五光十色的街灯照耀的小广场上，有位妇女想卖给我一副花边手套：“给您年轻的太太买一副吧。”我回答说没有太太，也很尴尬地笑笑。但我还是买了这副手套。

买了手套，给了我一种爱与被爱的义务，真是令人心旷神怡。但我真正尝到迷路的乐趣，是待我到地铁询问去旅馆的路时才开始的。

我看到地铁站台的长凳上坐着位颇有些年纪的卖花女。她脱了鞋子，搓着脚丫，脸上挂着甜蜜的微笑。我买了她最后的一枝黄玫瑰。我还看到座位对面的一位老学者在打盹。他膝盖上摊放着一本书，眉宇间密布着纹痕，向人们昭示他一生研究的学问。正当我要下车时，他小盹醒来，低头对书一笑，似乎为他这大把年纪打盹而向书致歉。然后他对我笑笑，喃喃低语道："灿烂的光辉正在暗淡下来，渐渐消失。"

最后，我从地铁口上来，朝旅馆处走去时，看到广阔的天空中只剩下一颗星星。仁慈的上帝并没有把他屋宇内的灯全部关闭，而是继续留下一盏，为那些回家的人指路，不使他们迷失。

手套、玫瑰、微笑、星光，一一构成生活元素的除了这些东西外，还能有什么呢？

生活是由无数像手套、玫瑰、微笑这样的小东西构成的，只要好好把握，我们也就拥有了生活的真谛。不要让生活从指尖溜走，细心体会生活的每个微小的环节，你也就不愧人生此行。

第二章
让自己无可替代

保持本色

美国历史上重要的作曲家之一柏林，在他刚出道的时候，一个月只赚120美元。而当时的奥特雷在音乐界已如日中天，名气很大。奥特雷很欣赏柏林的能力，就问柏林要不要做他的秘书，薪水在800美元左右。“如果你接受的话，你就可能会变成一个二流的奥特雷；但如果你坚持保持自己的本色，总有一天会成为一个一流的柏林。”奥特雷忠告说。柏林接受了这个警诫，后来他慢慢地成为那一时代美国最著名的作曲家之一。

其实，每一位成功者的成功之处，都不外乎保持了自己的本色，并把它发挥得淋漓尽致。一个人有一个人的天性，一个人有一个的活法。在这个世界上你是独一无二的，只要你保持了本色，你同样会绚丽夺目。

捧着空花盆的孩子

很久很久以前，在一个国家里，有一个贤明而受人爱戴的国王。但是，他的年纪已很大了，而且年迈的国王没有一个孩子。这件心事，使他很伤脑筋。有一天，国王想出了一个办法，说：“我要亲自在全国挑选一个诚实的孩子，收为我的义子。”他吩咐发给每一个孩子一些花种，并宣布：

“如果谁能用这些种子培育出最美丽的花朵，那么，那个孩子便是我的继承人。”

所有的孩子都种下了那些花种子，他们从早到晚，浇水，施肥，松土，护理得非常精心。

有个名叫雄日的男孩，他整天用心培育花种。但是，十天过去了，半月过去了，一个月过去了……花盆里的种子依然如故，不见发芽。

“真奇怪！”雄日有些纳闷。最后，他去问他的母亲：

“妈妈，为什么我种的花不出芽呢？”

母亲同样为此事操心，她说：

“你把花盆里的土换一换，看行不行。”

雄日依照妈妈的意见，在新的土壤里播下了那些种子，但是它们仍然不发芽。

国王决定观花的日子到了。无数个穿着漂亮服装的孩子涌到街上，他们各自捧着盛开着鲜花的花盆，每个人都想成为继承王位的王子。但是，不知为什么，当国王环视花朵从一个个孩子面前走过时，他的脸上没有一丝高兴的影子。

忽然，在一个店铺旁，国王看见了正在流泪的雄日，这个孩子端着空花盆站在那里，国王把他叫到自己的跟前，问道：

“你为什么端着空花盆呢？”

雄日抽咽着，他把他如何种花，但花种子又长期不萌芽的经过告诉给国王，并说，这可能是报应，因为他在别人的果园里偷偷摘过一个苹果。

国王听了雄日的回答，高兴地拉着他的双手，大声地说：

“你就是我的忠实的儿子！”

“为什么您选择一个端着空花盆的孩子做接班人呢？”孩子们问国王。

于是，国王说：

“子民们，我发给你们的花种子都是煮熟了的种子。”

听了国王这句话，那些捧着最美丽的花朵的孩子们，个个面红耳赤，因为他们播种下的是另外的花种子。

诚实，不仅是一种美德，也是一件锐利的武器，在激烈的竞争中，不一定非要尔虞我诈，诚实反而更能达到目标。许多人自作聪明，却忘记了诚实这一基本的品质，从而也埋没了他们的才智。只有以诚实作为基本依托的智慧才能大放异彩。

焦尾琴

一不起眼的枯木，被一个夫随手扔进了火堆，打算用它来燃烧火取暖。整整一个寒冷的冬天，已有无数的枯木就这样烧成了灰烬。

这天，一个精于制琴的大师从这儿经过，打算进屋来避一避雨。于是事情就有了意想不到的变化。

大师的耳朵肯定是异于常人的，正因为如此，在不绝如缕的风声和雨声中，大师才意外地听到了一种不同凡响的声音：那是一种被埋没和被俗世误解的绝望的呐喊和呻吟。大师侧耳倾听，他发现这声音正是那节刚被农夫投进火堆的枯木所发出来的。它是那样的绝望，又是那样的优美。

它因为优美而绝望，又因为绝望而优美。大师猛然上前去，不顾一切地从熊熊的火堆中将那节枯木抢救出来，并且把它作成一把琴，因为曾被烧过的原故，那把琴的尾部色如焦炭，留下了曾经沧海的伤痕。于是，大师便把它叫做焦尾琴——也许你已经知道，这把从火堆里被解救出来的琴，就是那把后来名动整个中国音乐史的精品，它像一个传说那样美好和空前绝后。

焦尾琴差一点和其它木头一样，成了燃烧取暖的工具，但它是幸运的，遇上了大师的赏识与扑救，成了极品。焦尾琴能从枯木中锐颖而出，要感谢大师的慧眼识珠，更重要的是它本身与众不同，它那不同于一般柴火的燃烧的声音：愤怒、呐喊、呻吟。

尊重一盏灯

某公司添置了一辆新车，需要聘用一名司机。这是一家薪水诱人、待遇优厚的公司，所以应聘者职云。不过，它用人却是很严格和挑剔的，凡录用员工都必得经理亲自把关。

刚从驾校拿到驾驶执照的小韩，迫于生计，也硬着头皮去应聘，尽管他知道自己的希望很渺茫。

初试由办公室主任主行，他过去曾是经理的专车司机，对驾驶这行轻车熟路。他向应聘者询问的都是汽车驾驶以及维护保养等方面的技术问题。所幸这些恰好都是小韩新近学过的，还烂熟于心，竟轻而易举地过了这第一关，而很多有实践经验的驾驶员却被淘汰出局。

接下来是实际操作，由应聘者驾车载着经理和主任上路行驶，考察驾驶技术。最后一个轮到小韩，这时已是黄昏时分，当汽车行驶到一个僻静的交叉街口时，前面亮起了红灯，小韩赶紧刹车，可能是急了些，经理和主任都有些猝不及防。本来对他车技就不太满意的主任冷冷地问他：“为什么不开过去?”小韩说：“有红灯啊。”

主任有些不耐烦：“我是说，这里既没警察，又没行人车辆，为什么不灵活一些，把车开过去呢?”小韩一听那口气，知道自己没啥希望了，他抬头望了望闪烁的指示灯，心里竟轻松了许多，但还是郑重地回答：“为了尊重这盏灯!”

一直不动声色的经理眼睛一亮。

回到公司，经理对所有等候的应聘者宣布：小韩入选！这使所有的应聘者都吃惊不小，当然，这结果也出乎小韩的意料。

望着发愣的小韩，经理握住他的手说："作为司机，你还需要锻炼。但是，作为本公司的员工，你已经很称职了。"

交通灯本来就是为了维护交通秩序而设的，尊重交通灯其实就是对秩序的尊重。作为职员，对秩序的遵守应该是一种必备的素质，而由于许多人讲求"灵活"，往往将秩序抛在脑后，以至于遵守秩序成为一种难得的品质。表现你的品质，哪怕只是为了尊重一盏灯。

帮他找回自尊

一个男孩上初中时十分贪玩，成绩自然"惨不忍睹"。老师为了他的自尊心，以免一、二十分的成绩让他面子扫地，于是判他的试卷时尽量放松尺度，有时甚至根本不看，匆匆批上个60分就完了。这个学生也知道是怎么回事，每次发了试卷也只匆匆一瞥，就随手扔到别处。

不久调来一位新老师，在判这位学生的试卷时，没有效仿原先那位老师的做法，本着实事求是的原则，认认真真地为他批阅，结果这位学生只得了十几分。老师说："你是学生我是老师，批改你的试卷是我的职责。你答对几道题，我就只能给你相应的分数，只有这个分数才真正属于你自己。"

几年后，一位大学生找到这位老师："可能您已经忘记我了，但我永远记得您，您就是那个重新给了我自尊的人。是您的行为和言语让我有了今天。"

对一个处于不佳境地的人，怜悯似的施舍只会使他的自尊蒙上灰尘；我们应该做的，是帮他拂去心灵的尘埃，让他重新看见自己的价值与尊严。

圣诞的故事

有一个著名的古老神话，说是在昔日美丽的黎巴嫩森林长出了三颗雪松。众所周知，雪松长大需要很长的时间，所以它们度过了整整几个世纪，对生命、死亡、自然和人类进行着思考。

它们目睹了所罗门派遣的一支以色列远征军来到此地，后又看到了与亚述人交战期间血染的大地。它们认识了耶洗别和先知以利亚，两个不共戴天的死敌。它们观察到字母的发明，并被过往的满载花布的商队弄得眼花缭乱。

风和日丽的某一天，它们就前程问题进行了一场对话。

“目睹所有这一切之后”，第一颗雪松说，“我想变成世上最为强大的国王的宝座。”

“我愿意成为永远把恶变为善的某种东西的组成部分。”第二棵雪松说。

“ 我希望每当人们看到我的时候，都能想到上帝。”第三棵雪松说。

又过了一段时间，伐木人来了，三棵雪松被砍倒，一只船把它们运往了远方。

每一棵雪松都怀有一个愿望，然而现实却从不询问它们有何为梦想。第一棵雪松被用作修建一个牲口棚，剩余部分则用来支撑草料。第二棵雪松变成一张十分简陋的桌子，随即被卖给了一位家具商。第三棵雪松的木材没有找到买主，便被截成段放进一座大城市的仓库里。三棵雪松深感不幸，它们抱怨说：“我们的木质虽好，却没有人把它用于某种美好的东西上。”

过了一段日子，在一个繁星满天的夜晚，有一对夫妻未能找到栖身之所，便决定在第一棵雪松建成的牲口棚过夜。行将临产的女人疼得直叫，最后她在那里分娩，将儿子放在了草料和支撑草料的木料之间。

此时此刻，第一棵雪松明白了它的梦想已经实现：这个婴儿便是世上的王中之王。

又过了若干年，在一个简陋的房间，几个男人围坐在第二颗雪松制成的那张桌子的四周。在众人开始就餐之前，其中的一个人就对摆放在他面前的面包和酒说了一些话。

于是第二棵雪松明白了，此时此刻，它所支撑的不仅仅是一只酒杯和一块面包，而且还是世人与上帝的联盟。

第二天，有人取出用第三棵雪松截成的两根木料，将它们钉成十字形状，随即将其扔到一个角落里，几个小时之后，人们带来了一个被野蛮殴打致伤的男人，把他钉在了第三棵雪松制成的木料上。雪松感到毛骨悚然，对生活给它留下的野蛮遗产甚感伤心。

然而，在三天时间过去之后，第三棵雪松明白了自己的天命：曾被钉在这里的男人如今已成为照亮一切的光芒。用它的木料制成的十字架已不再是苦难的象征，却变成了胜利的信号。

所有的梦想也总是如此，黎巴嫩的三棵雪松履行了它们所希望的天命，但是方式却与它们所想像的不同。实现梦想的方式不只一个，此路不通时别放弃对另一种方式的尝试。

精心策划的“意外”

十来岁时，惠特尼·休斯顿，在她母亲——20 世纪 60 年代“甜美灵感”乐队创始人锡西严密关注下，培养了自己的歌唱才能。“我记得当我十七岁时，有一次我正为当晚与妈妈同台演出的演唱会做准备，忽然妈妈打来电话，声音嘶哑地说：‘我的嗓子坏了！不能唱了！’我说：‘我总不能一个人上台唱呀。’母亲却说：‘你完全能一个人唱，你很棒！’”

于是，休斯顿一夜成名，一晚而成为美国的王牌歌手。她事后才发现整个“意外”都是精心策划好的——妈妈说：“我完全知道你能够做到这一切，如果你真心热爱唱歌，你就会去做。”

首先要对一种事业热爱，然后充满信心去争取——许多成功人士都是这样走向成功的。不热爱，就缺乏追求的动力；没有信心，又怎能迈开追求的大步？休期顿有位好妈妈，她的“设计”促发了女儿的信心。但更为重要的是，没有外力帮助，也应信心十足。

礁石的本色

日本的白隐禅师，道行高深，负有盛名，他的故事流传的很多。其中最有名的是这样一个：白隐居住的禅寺附近有一户人家的女孩怀孕了，女孩的母亲大为愤怒，一定要找出“肇事者”。女孩用手朝寺庙指了指，说：“是白隐的。”女孩的母亲跑到禅寺找到白隐，又哭又闹，白隐明白了是怎么回事后，没有做任何辩解，只是淡然地说：“是这样的吗？”孩子生下来后，女孩的母亲又当着寺庙所有僧人的面把他送给白隐，要他抚养。白隐把婴儿接过来，小心地抱到自己的内室，安排人悉心喂养。多年以后，女孩受不住良心的折磨，向外界道出了事情的真相，并亲自到白隐的跟前赎罪。白隐面色平静，仍是淡然地说了句：“就这样吗？”

轻轻说出的这几个字，包含着多少的威力和内涵！面对诋毁和陷阱，有人的抗争，有的人处之泰然，更有的人不闻不问，依然故我，一副闲云野鹤之态。世事冗杂繁复，不虞之事甚多，很多人学会了明哲保身，小心从事。这就是所谓的鱼的哲学：水底的鱼儿，危机四伏，一方面要巧妙地躲避大鱼的侵袭，一方面又要偷闲自由自在地游弋。能做到这一点就是一条明智的鱼，一条能长大的鱼。

白隐不做那条鱼，他宁做海底的礁石，固守住心中的炽热和坚硬，让时间来考验，让沙浪去淘洗，等到所有的水退去，露出的才是自己的本色。

礁石不惧风浪经得起考验，礁石的品质值得我们学习和借鉴。只要坚持内心的信念，总有一天，时间会将你的本色显露了来，但在此之前一定要甘于寂寞，能忍受一切的误解与攻击。礁石就是这样成长的。

上帝与魔鬼的赌博

很久很久以前，这个世界上只有上帝和魔鬼。有一次他们相遇了，就想比拼一下谁的本领更高强。

经过很多方面很多回合的比赛，他们都没有分出高下。魔鬼建议道：我们最后比一次决定胜负。这次我们这样比：我们各尽所能，制造同一个产品，你我各造一半，并且使自己造的那一半具有你我各自的特性，最后看一看，最终是谁的力量在支配这个产品的行为。

上帝同意了。

第一件产品很快就做成了。正如比赛规则所要求的，这个产品一半是上帝所造，一半为魔鬼所造。上帝没有就此停手，紧接着又制造第二个、第三个产品，魔鬼不甘示弱，在上帝的每一个产品中都加入了一半自己的特性。

看到产品制造得差不多了，上帝停止了他的工作，魔鬼也跟着停止了。然后他们让他们制造的产品自己去繁衍生息。

过了很久很久以后，到了判决胜负的时候，上帝和魔鬼又见面了。魔鬼叹着气说："上帝啊，看来你的本事还是比我大，这最后的赌博还是你赢了。如果是只制造一个产品，那我们谁胜谁负仍是未定之数。是我上了你的当，我本应该在你造第二件产品时阻止你的，但我不仅没有，而且还跟你一块儿去造。现在我明白了，只要有两个我们的产品在一起，只要他们之间有交流，他们就会制定一些规则，你灌输给他们的特性就迟早会占上风。我彻底输了！"

你一定知道上帝和魔鬼共同制造的产品是什么了。

上帝与魔鬼制造的产品就是人，人身上既有上帝的特性也有魔鬼的特性，但由于我们都是生活在社会中的人，人与人之间有交流，有协作，我们便改造自身的特性，让自己好的一面得以发扬，因为我们知道，只有如此，我们的明天才会更加美好。

不识乐谱

著名男高音唱家帕瓦罗蒂不识乐谱，支持派赞美说，帕瓦罗蒂具有惊人的乐感，不识乐谱，更能凭感觉将唱段发挥得尽善尽美；反对派则声称，假如帕瓦罗蒂识乐谱，他会演唱得更好。不管怎样争辩，帕瓦罗蒂都将"我心中的太阳"唱遍了世界。

姑姑从国外归来，以前，姑姑与我父亲曾有些嫌隙，但那些长辈间的磕磕碰碰挡不住我对姑姑的思念。我构想着各种方式去见她：捧一束鲜艳的花？提一盒礼物？买一副家乡的玉镯？我不知道。

炎炎的夏日，我只抱一个大西瓜就摁响了姑姑的门铃，心里，忐忑不安，很冒昧，很胆怯，如此仓促的拜访，姑姑会欢迎我吗？

门开了，姑姑一把将我揽进怀里，泪水涟涟道：好孩子，谢谢你来看望我。

不识乐谱，同样能唱好歌；不拘泥形式，同样能表达感情。原来，那些撼动魂魄的心声，不需要任何装饰，自然流露才是最完美的手段。

以退为进

有一位美国的计算机博士，毕业后在美国找工作，结果好多家公司都不录用他，思来想去，他决定收起所有的学位证明，以一种“最低身份”，再去求职。

不久他就被一家公司录用为程序输入员。这对他来说简直是“高射炮打蚊子”，但他仍干得一丝不苟。不久，老板发现他能看出程序中的错误，非一般的程序输入员可比。这时他才亮出学士证，老板给他换了个与大学毕业生对口的专业。

过了一段时间，老板发现他时常能提出许多独到的有价值的建议，远比一般的大学生要高明，这时，他又亮出了硕士证，老板见后又提升了他。

再过了一段时间，老板觉得他还是与别人不一样，就对他“质询”，此时他才拿出了博士证。这时老板对他的水平已有了全面的认识，就毫不犹豫地重用了他。

人不怕被别人看低，怕的恰恰是人家把你看高了。看低了，你可以寻找机会全面地展现自己的才华，让别人一次又一次地对你“刮目相看”，你的形象会慢慢地高大起来；可被人看高了，刚开始让人觉得你多么的了不起，对你寄予了种种厚望，可你随后的表现让人一次又一次地失望，结果是被人越来越看不起。

第 12 块纱布

一所大医院手术室里，一位年轻的护士第一次担任责任护士，而且做一个赫赫有名的外科专家的助手。

复杂艰苦的手术从清晨进行到黄昏，眼看患者的伤口即将缝合，女护士突然严肃地盯着外科专家，说："大夫，我们用的 12 块纱布，您只取出 11 块。"

"我已经取出来了，"专家断言道，"手术已经一整天，立刻开始缝合伤口。"

"不，不行！"女护士高声抗议，"我记得清清楚楚，手术中我们用了 12 块纱布。"

外科医生不理睬她，命令道："听我的，准备——缝合！"

女护士毫不示弱地大叫起来："您是医生，您不能这样做！"

直到这时，外科专家冷漠的脸上才泛起一丝欣慰的笑容。他举起左手心里握着的第 12 块纱布，向所有的人宣布："她是我合格的助手！"

虽然我们都有一个自我，但真正做到坚持自我的人太少了。面对现实，有太多的妥协与让步，甚至包括对良心的背叛。拿出你的勇气来，做一回真正的自己，坚持你认为正确的观点反而会让别人更加尊重和认可你。

没穿裤子的上帝

有一天，上帝应邀去赴宴，不小心忘记穿裤子了。客人们听说上帝要来都兴奋不已。

看到上帝，客人A说："上帝，您真伟大，敢于突破人间的禁区，有超前的时代意识。"上帝对他的奉承不屑一顾，他知道这种人最爱不着边地讨好别人。

客人B说："上帝，您真了不起，您才最懂得自然、原本、返朴归真，您才是最美的。别人太做作了，太虚伪了，让人生厌。"上帝对此人不以为然，他明白这种人最喜欢追求新奇和极端。

客人C说："上帝，您真行，竟做一些别人意想不到的事。没有谁给客人们事来的惊喜能比得上您。您才是最最绝顶聪明的。"上帝不想回答他。他是一个想以出奇制胜的方式宣扬别人，来显示自己的人。

客人D说："上帝，您真不愧为上帝，从不学着别人那样入乡随俗。您永远是超脱潇洒的，活得自由自在，不为任何世俗所羁绊。"上帝想，人的伎俩不过如此，喜欢把美好的词都堆在一起使用。

客人E觉得没有什么更好的词可以说出来，沉吟了半晌才说："上帝，您只有是上帝才能不穿裤子。若是我们，早就被赶出去了。"

上帝怔了一下，才发现自己没有穿裤子。他这才明白，没有穿裤子才是人们心中的上帝。

即使上帝没穿裤子，别人也只会为其歌功颂德，因为他是上帝，创造一切的上帝，人们没有资格去批评和质疑。同样，我们若想随心所欲而不被别人指摘，首先应该确立自己上帝般的地位，随着自己身份的改变，别人对我们行为的定义也会相应改变的。

自尊无价

一纽约的商人看到一个衣衫褴褛的铅笔推销员，顿生一种怜悯之情。他把1元钱丢进卖铅笔人的怀中，就走开了。但他又忽然觉得这样做不妥，就连忙返回，从卖铅笔人那里取出几支铅笔，并抱歉地解释说自己忘记取笔了，希望他不要介意。最后他说：“你跟我都是商人。你有东西要卖，而且上面有标价。”

几个月后，在一个社交场合，一位穿着整齐的推销商迎上这位纽约商人，并自我介绍：“你可能已忘记我，我也不知道你的名字，但我永远忘不了你。你就是那个重新给了我自尊的人。我一直觉得自己是个推销铅笔的乞丐，直到你来告诉我，我是一个商人为止。”

没想到纽约商人简简单单的一句话，竟使得一个处境窘迫的人重新树立了自信心，并通过自己的努力终于取得了可喜的成绩。

同情一个陷入困境的人，伸出热情之手，给予他无私的帮助的确是重要的，但更为关键的是，我们应让他意识到自己的自尊和价值——只有充分相信自己以后，才有决心去摆脱磨难，去证明自己不是一个弱者。

用短即长

在一次工商界的聚会中，几个老板大谈自己的经营心得。

其中一个说：“我有三个不成才的员工，我准备找机会将他们炒掉。”“为什么要这样做呢？他们为何不成才？”另一位老板问道。

“一个整天嫌这嫌那，专门吹毛求疵；一个杞人忧天，老是害怕工厂有事；另一个经常摸鱼，整天在外面闲荡鬼混。”第二个老板听后想了想，就说：“既然这样，你就把这三个人让给我吧！”

三个人第二天到新公司报到。新的老板开始给他们分配工作：让喜欢吹毛求疵的人，负责管理质量；让害怕出事的人，负责安全保卫及保安系统的管理；让喜欢摸鱼的人，负责商品宣传，整天在外面跑来跑去。这三个人一听职务的分配，和自己的个性相符，不禁大为兴奋，都兴冲冲地走马上任。过了一段时间，因为这三个人的卖力工作，居然使工厂的营运绩效直线上升，蒸蒸日上。

我们每一个人，都有一条属于自己的路。这条路，固然要靠自己去探索、去挖掘，但在到达他可以胜任的岗位前，往往需要一个伯乐来发现，来指引。所谓千里马易求，伯乐难逢，正是这个道理。

你不是小鸡

一个印第安人从鹰巢里取回一只蛋，让母鸡把它孵化成小鹰，并和其他小鸡一起喂养。有一天，一只老鹰飞过鸡群，小鹰感叹说："如果我会飞多好。"老母鸡立即告诉小鹰："你是小鸡。"其他小鸡也告诉小鹰："你是小鸡。"于是小鹰也告诉自己："我是小鸡，我是小鸡。"

小鹰至死都不曾飞过。

人才的成长，除了需要一个好的外部环境，更重要的还应有一种坚忍不拔的意志。不放弃自己要成功的理想，不要为压力所阻，不要为流言所伤，否则即使你天生是鹰，也只能怀着想飞的理想抱恨终生。

两个淘金者

两个墨西哥人沿密西西比河淘金，他们从下游一路上行，到一个河叉时分了手。一个沿支流俄亥俄河而去，一个沿支流阿肯色河而行。

10年后，进入俄亥俄河的人发了财，在那儿他不仅找到了大量的金砂，而且建了码头，修了公路，还使他落脚的地方成了一个大集镇。

进入阿肯色河的人似乎没有那么幸运，自分手后就没了音信。有的说他已葬身鱼腹，有的说他已回了墨西哥。直到50年后，一个重2.7公斤的自然金块在匹兹堡引起轰动，人们才知道了他的一些情况。当时，匹兹堡《新闻周刊》的一位记者曾对这块金子进行过追踪报道，他写道："这颗全美最大的自然金块来自于阿肯色，是一位年轻人在他屋后的鱼塘里捡到的，从他祖父留下的日记看，这块金子是他祖父扔进去的。"

随后，《新闻周刊》刊登了那位祖父的日记，其中一篇是这样的："昨天，在溪水里又发现一块金子，比去年淘到的那块更大，进城卖掉它吗？那就会有成百上千的人涌向这儿，我和妻子亲手用一根根圆木搭建的棚屋，我们挥洒汗水开垦的菜园和屋后的池塘，还有傍晚的火堆，忠诚的猎狗，美味的炖肉，山雀，树木，天空，草原，大自然赠给我们的珍贵的静谧和自由都将不复存在。我宁愿看到它被扔进鱼塘时荡起的水花，也不愿眼睁睁地望着这一切从我眼前消失。"

生活中除了金钱，我们还应该有其他的追求，还有许多东西值得珍惜，如宁静的生活环境，物欲之外的自由等等。一旦金钱左右了我们的生活，一切都染上铜锈味，生活也就随之变色了。在这物质化的社会，让我们仍保留一份纯真吧！

爱因斯坦与司机的故事

自从爱因斯坦的《相对论》问世后，很多著名的大学都争着邀请他去演讲。

有一次，在去演讲的途中，他的司机说："博士，关于《相对论》

的演讲，我至少听过30次了，我相信我能够上台跟你讲得一样好。”爱因斯坦笑了笑，说：“好啊，反正这所大学里没有人认识我，我就给你一次机会试试看，待会我扮司机，你就当爱因斯坦吧。”

果然，司机的演讲博得了全场如雷贯耳的掌声。突然，有位教授提出来一个问题，而这个问题又恰恰是这个司机从来没听过的，他根本无法回答。

司机额头直冒汗，他看了看爱因斯坦，忽然灵机一动，对这位教授说：“这个问题太简单了，就让我的司机来回答吧。”

爱因斯坦见势不妙，立即上前解答，替司机解了围。

回校途中，司机对爱因斯坦的才华更加佩服：“事实证明，我只能当司机，而你才是真正的科学家。”

机智的司机可以代替爱因斯坦作演讲，但他终究无法取代爱因斯坦。是金子总会发光，而石头，它可以一时蒙混过关，但终究会被剔除在金子之外。如果你是金子，就不必害怕时间的考验，也不必害怕你的价值会丧失。

奇怪的改变

那阵子是她最艰难的时候，病重的母亲需要花很多钱，女儿还在襁褓中，她不能上班，仅靠丈夫的那点工资确实有点捉襟见肘。那时她还很年轻，爱美，一次她在小摊花几元钱，买了一串项链，金灿灿的，蛮漂亮。

它满足了一个女人的虚荣，但那种虚荣是隐蔽性的，而且她总有一种惶恐的感觉。她时刻担心会被哪个刻薄的女人说一句：“这项链是假的呀！”那样，她可怜的自尊会被完全击垮的。

那天，昔日的一个同学窥见那根项链，惊呼道：“怕要几千块钱吧?”尽管同学并不晓得她的穷，但她脸红了，总感觉同学在挖苦她。

后来，她索性不戴了。

再后来，丈夫弃工经商，赚了大把的钱，她的日子过得丰盈而富足。衣柜里塞满了时装，项链买了几根，当然都是真品，但她仍戴那串假项链，别人见时，都以为是真货，但她却笑着说：“假的，不怕丢，不怕偷。”笑得很平静。

现在，即使她穿上一身极普通的衣服和一个满身名牌武装的贵妇人聊天，亦觉十分坦然，以前她根本没有这种勇气。

这真是一种奇怪的改变。

能否坦然面对事实，取决于自己的心态，贬低自己，当然会觉得自己一无是处；抬高自己，也就无所畏惧了。其实我们都在为自己活着，只有看得起自己才可能让别人看得起，告诉自己：这个世界我最了不起!

小偷

有一家批发部被盗了，奇怪的是小偷放着那么多贵重的物品不盗，却将所有的商品包装和纸袋席卷一空。

小偷在销赃时被捉，原来他是一个收破烂卖给纸浆厂的无业贫民。批发商知道后，没有急于去讨回自己的损失，而是请求有关部门免除对该小偷的处罚，并聘请其为批发部的经理。

这位收破烂出身的经理后来果然不负重托，把批发部经营得颇有起色，经济效益成倍增长。

一个人一生不论怎么选择，最终都只能做好一件事。对于收破烂的人来说，比包装箱及纸袋贵重的物品可能更具诱惑力，但他做到了不为所动。这种不改初衷和对偏离目标的诱惑能够抵挡得住的执着，正是成就一项事业的前提。

人比地板尊贵

有一年夏天，一个8岁的男孩与同学相伴去同学的爷爷家。同学的爷爷是个退休军官，住在一座独院的两层楼内，院里还有一个红砖砌成的小花坛。

一直住在泥草搭建的临时窝棚的男孩被眼前的景色惊呆了，他从未见过如此漂亮的住处。

门开了，同学走了进去，可男孩怎么也迈不开脚，他不敢踏上那光洁明亮猩红色的地板。

开门的是一位高大威严的军人，一脸虎气，毫不犹豫地把门关上了。他不会想到的是，关在门外的男孩生平第一次产生了一种奇怪的心情，而且哭着回家了。

妈妈擦干男孩的眼泪说："不要怕别人家漂亮的地板，再漂亮的地板也是让人踩的，人不自卑，任何地板都会留下我们的脚印。"

妈妈的一番话深深地印在男孩的心里，也是生平第一次，他学习到了做人的意义。从此以后，他在任何"漂亮的地板"上都是昂首阔步。他知道，人永远比"地板"尊贵。

面对一切显贵的事物，我们没有必要感到自卑，因为人比一切事物都要奠贵。我们应该自重自爱，我们是万物的主宰，高扬我们尊贵的头颅，在人生的旅途上昂首阔步。

第三章
生活是一扇若隐若现的门

沿途有风景

有一位在金融界工作的朋友，立志要读中国人民银行总行研究生部的研究生。三大本《中国金融史》几乎被他翻烂了，可是连考数年他都未考中。在这期间，不断有朋友拿一些古钱向他请教，起初他还能细心解释，不厌其烦。后来，朋友、朋友的朋友来的多了，他索性编了一册《中国历代钱币说明》，一为巩固所说的知识，二为朋友提供方便。这年，他依旧未考上研究生，然而，他的那册《中国历代钱币说明》却被一位书商看中，第一次就印了一万册，而且当年就销售一空，现在这位朋友已是个中产阶级了。

无独有偶，美国有位叫霍华德·休斯的工程师，原想开采石油，可是头一仗就碰上了硬岩石，损坏了很多钻头。他转而发明了一种能钻透硬岩石的钻头，结果石油虽然没打出，却在经营钻头上发了财。

听说那位发明派克笔的人也是歪打正着。他本是一个人寿保险公司的推销员，好容易谈了一笔大生意，却因自来水笔漏水玷污了合同而丢了生意。这位先生下决心制造不漏水的自来水笔，结果造出了名扬天下的派克笔。

在心境被破坏的情况下，你的人生目标，你的理想，你的目的地也许空无一物，然而，只要你像登山家那样不惧艰难、持之以恒地攀爬下去、说不定在沿途你会看到美丽的彩红，采集到甜美的野果——它们都是你人生的风景。

谁捡到这张纸条，我爱你

落叶一地。又一个夏天来了，又去了……一个老人孤独地行走在一条寂静的街道上。“快了，还有一年。”他喃喃自语。

街口是一个孤儿院。一阵风吹过，孤儿院门前的落叶随风扬起。飞舞的黄叶之中夹杂着的一张纸条，跌落在老人脚旁。

老人用颤抖的手拾起了它。纸上是歪歪斜斜几行稚嫩的笔迹。望着这稚嫩的笔迹，老人的泪水不禁掉了下来——

“谁捡到这张纸条，我爱你。谁捡到这张纸条，我需要你……”

孤儿院矮墙的背后，一个小女孩的脸庞紧紧地贴在玻璃上。老人看着小女孩，心里默默地想着：我也一样，孩子。

落叶一地。又一个夏天来了，又去了……小女孩在矮墙背后默默地等了又等，老人却再也没能出现。

最后，小女孩似乎明白了什么。她黯然地回到了她的小房间，拿起蜡笔，又开始写着：

“谁捡到这张纸条，我爱你。谁捡到这张纸条，我需要你……”

每当我们凝视静穆的天宇，生命就像一道流星遽然地划过天际。若不是为了爱，若不是有人需要我们，我们又何必来这人世间走一遭呢？

人的生命渺小如蜉蝣，只因有了爱才变得这么亮丽、富有质地。

幸存者

邻居养了几只小鸡，它们叽叽喳喳地叫着，在门前的草地上嬉戏。一天晚上，电闪雷鸣，倾盆大雨从天而降。第二天发现只剩下一只小鸡还活着，它奄奄一息地捱了半天，总算打起了精神，鸣叫了几声，仿佛宣告新生命的开始。

从此，草地上这只小鸡跑来跑去，开始的时候，它还能够自得其乐地捉些小虫，梳梳羽毛。但慢慢地，它的神情有些呆滞，只是在踱来踱去，像一个满腹心事的老人。

我可以想象得出它在那个狂风暴雨之夜，缩紧全身，紧闭嘴唇与风雨抗争，又是怎样在同伴死后仍积聚身上的一点热量，苦苦坚持着，最后它幸存下来。而现在呢，看着它那病恹恹的样子，我想，也许有一种比闪电惊雷更可怕的东西在逼近它。

几天后，这只幸存者还是死了，它不是死于外来的打击，而是死于没有依靠、没有爱。

小鸡没有死于外来的打击，却死于没有依靠、没有爱，可见感情的重要性。我们的人生之旅若是没有了爱，真的无法想象。生活在一个冷冰冰的物质世界里，机械地活着，那又有什么意义？爱是我们生活的依托，也是我们生活的意义。

朋友

一场战火席卷了一个不大的国家。

一天，一位名叫托尼的孩子不幸被炮弹击伤了，由于失血过多，他已经奄奄一息。在当时的环境和条件下，救护人员费了好大力气也没能找到与托尼血型相符的血浆。

救护人员急得团团转，忽然他们把目光落在一个孩子身上，在场的人中，他是唯一一个没有验血型的人了。救护人员抱着一线希望给他验了血型。结果是让人惊喜的——他和血型和托尼的正相符。

但是救援人员很快又犹豫了，因为说服一个只有五、六岁的孩子，从他身上抽血并不是件容易的事儿。但除此之外，已经没有别的办法了。救护人员只好尽量用孩子能听懂的话告诉他：托尼需要输血，需要抽他的血给托尼。小男孩想了想，终于伸出了细小的胳膊。

血液一滴一滴地流入托尼的体内，托尼终于脱离了危险。那位输血的小男孩紧紧地抿着嘴唇，忽然，他小声地问救护人员："我很快就会死，是吗？""死？怎么会呢？你不会死的，孩子。"救护人员说。

人们这时才知道，原来，刚才小男孩把"输血"的含义理解为：他是在用自己的生命换回托尼的生命。当人们奇怪地问他为什么敢于这么做时，小男孩紧紧地握着托尼的手说："因为我们是最好的朋友。"

对于"朋友"这个词，我们也许听说过许多解释，但这个小男孩才最懂得"朋友"的真正涵义。对待朋友，我们需要无私地付出，而无须考虑自己的得失。这样的朋友，才是最真、最美的。

说出那句话

越战时受伤的法国人米多，再一次回到他曾经养伤的台湾。

当年他躺在病床上，语言不通又举目无亲，幸亏遇到一位好心的护士陆巧苓，不但上班的时候照顾他，下班之后还买好东西给他吃。

陆巧苓甚至叫他"爸爸"。

60 岁的米多，已经有了 5 个孩子。但是他始终忘不了这个在台湾叫他爸爸的护士，多年来不断地寻找她。

终于，在妻子的陪伴下，见到他 20 年前的恩人，他激动地抱着陆巧苓掉下眼泪，他们打算结伴游台湾，还要去圣功医院，回忆一下当年的岁月。

1996年11月11日，在美国华府“越战阵亡将士纪念碑”的前面，也发生了一件感人的事。

越战时驾机投下汽油弹，造成许多平民死伤的飞行员约翰，终于见到24年前被他炸伤的潘金福（译音）。

那个当年因为浑身是火，而脱光衣服哭喊、奔跑的女孩子，居然被美国的摄影记者救了，住院一年两个月，把下巴连到胸口、左手臂接在肋骨旁边，使灼伤的皮肤能够复原。

摄影师当时拍的照片，震撼了全世界，得到了普立兹奖，却也成为约翰的最痛。

20多年来，那小女孩的画面总浮现在他的眼前，他无法过正常的生活，酗酒、离婚、再离婚，直到信了教，成了一个牧师。

当他知道那小女孩还活着，而且还居住在美国之后，真是激动难眠。

但是当他远远看见潘金福的那一刻，又全身发抖，掩面哭泣。

他不敢过去。

直到那个被他炸伤的小女孩走向他，主动向他张开双臂，他才扑过去，哭着说出藏在心中24年的话：“我对不起你！我对不起你！我没有存心伤害你……”

68岁的老法官麦卡尼，花了500美金，在《太阳报》上刊登了一则广告，为他15年前判错的一件案子道歉。

那只是有关一位青年驾车违规，警察发现他拥有一把一尺长的刀子，被这老法官判持有武器的案子。

老法官已经不记得年轻人的名字。但是他说当时明明不是重罪，他却判了那人罚款及6个月缓刑。

“犯罪记录可能影响一个人的就业与前途……我对此感到愧疚。”麦卡尼在广告上公开承认。

我们都是人，一生中谁没有亏欠？只是几人有幸，能同“他”再见？有几个人有勇气，趁着还来得及，说出那句话？一句“对不起!”“谢谢你!”平常，这是多么简单的几个字，我们一生可以说出百万次，只是哪一次能及得上从这些老人家的嘴里说出的？那才真正是“生命中不能承受之轻”啊！

微笑

在西班牙内战期间，我参加了国际纵队，到西班牙参战。在一次激烈的战斗中，我不幸被俘，被投进了单间监牢。

对方那轻蔑的眼神和恶劣的待遇，使我感到自己像是一只将被宰杀的羔羊。我从狱卒口中得知，明天我将被处死。我的精神立刻垮了下来，恐惧占据了全身。我双手不住地颤抖，伸向上衣口袋，想摸出一支香烟来。这个衣袋被搜查过，但竟然还留下了一支皱巴巴的香烟。因为手抖动不止，我试了几次才把它送到几乎没有知觉的嘴唇上。接着我又去摸火柴，但是没有了，它们都被搜走了。

透过牢房的铁窗，借着昏暗的光线，我看见一个士兵，一个像木偶一样一动不动的士兵。他没看见我，当然，他用不着看我，我不过是一件无足轻重的破东西，而且马上就会成为一具让人恶心的尸体。但我已顾不得他会怎么想我了，我用尽量平静的、沙哑的嗓音，一字一顿地对他说：“对不起，有火柴吗?”

他慢慢地扭过头来，用他那双冷冰冰的、不屑一顾的眼神扫了我一眼，接着又闭了一下眼，深吸了一口气，慢吞吞地踱了过来。他脸上毫无表情，但还是掏出火柴，划着火，送到我嘴边。

在这一刻，在黑暗的牢房中，在那微小但又明亮的火柴光下，他的双目和我的双目撞到了一起，我不由自主地咧开嘴，对他送上了微笑。

我也不知道自己为什么会对他笑，也许是有点神经质，也许是因他帮助了我，也许是因为两个人离得太近了，一般在这样面对面的情况下，人不大可能不微笑，不管怎么说，我是对他笑了。我知道他一定不会有什么反应，他一定不会对一个敌人微笑。但是，如同在两个冰冷的心中，在两个人类的灵魂间撞出了火花，我的微笑对他产生了影响。在几秒钟的发愣后，他的嘴角也开始不大自然地往上翘。点着烟后，他并不走开，却直直地看着我的眼睛，露出了微笑。

我一直保持着微笑，此时我意识到他不是一个士兵，一个敌人，而是一个人！这时他好像完全变成了另一个人，从另一个角度来审视我。他的眼中流露出人的光彩，探过头来轻声问："你有孩子吗？"

"有，有，在这儿呢！"我忙不迭地用颤抖的双手从衣袋里掏出票夹，拿出我与妻子和孩子的合影给他看，他也赶紧掏出他和家人的照片给我看，并告诉我说："出来当兵一年多了，想孩子想得要命，再熬几个月，才能回家一趟。"

我的眼泪止不住地往外涌，对他说："你的命可真好，愿上帝保佑你平安回家。可我再不可能见到我的家人了，再也不能亲吻我的孩子了……"我边说边用脏兮兮的衣袖擦眼泪、擦鼻子。他的眼中也充满了同情的泪水。

突然，他的眼睛亮了起来，用食指贴在嘴唇上，示意我不要出声。他机警地、轻轻地在过道巡视了一圈，又踮着脚尖小跑过来。他掏出钥匙打开了我的牢门。我的心情万分紧张，紧紧地跟着他贴着墙走，他带我走出监狱的后门，一直走出城。之后，他一句话也没说，转身往回走了。

我的生命被一个微笑挽救了……

只要是人，他的身上就总有人性的光辉，只是有时被一些外在的阴影遮盖住了。一个微笑，就像阳光一样刺穿了阴影，让人性中的善得以发扬，让人与人的距离骤然拉近。因为微笑就意味着友爱，意味着对别人的信任与尊重。大家同是人类，为什么要相互残杀呢？

草

几年前的一天中午，诸事不顺遂的我苦恼地独自蹀躞在野外，感到自己已看破红尘，万念俱灰了。

走累了，我点着一支烟，蹲下身去，茫然地叹息着。

我不经意地望望脚下的草地，猛然间发觉，就在我眼前半米方圆的地上，竟生长着十几个品种的草，每一种草都有着自己独特的色泽、形状，它们杂陈、交错、叠并在一起，铺展开去，给大地织出一幅绿色的地毯。可惜的是，缺乏植物学知识的我，竟连一种草的名字也叫不出，只好统称为草。我蹲在那里，默默地抽完了一支烟，然后站起身，迈着轻快而又坚定的步伐，朝远处建筑物和道路构成的人世间走去。因为草告诉了我——我离看破红尘的日子远着呢！我要做的第一件事就是，去图书馆借一本介绍植物的科普读物，首先认识脚下的每一种草。

我们需要学习、经历的东西很多，这些构成了我们生活的重要组成部分。人生还有许多的事情等待我们去做，我们没有理由万念俱灰。找一件事情，认真去做，在你付出辛苦的同时，你也找到了生活的意义。

衣兜里的灯

他引着我爬上长长的梯梯，鞋跟笃笃敲楼板的声音，拉长了夜的沉寂和神秘；他摸索出一管袖珍电筒，立即，温柔而桔红的光芒拥抱了我。他说，有一种爱就像衣兜里的灯，当你趾高气扬走在阳光下的时候，根本显示不出他的亮度；当你灰暗、沮丧、失意、彷徨、困厄的时候，他才忠实而明亮地照亮你脚下的路。

我认识那样一对夫妻，妻子非常出色，像个鹤立鸡群、追光灯时时追随的名角儿，无论站到哪里，都风采逼人。她的生意做得非常大，大到韩国跨国公司，她身边的绅士们个个溜光水滑，派头十足，随便拉一个出来，都比他老实的丈夫强十倍。我曾经和她戏言："你的小灰兔丈夫，什么时候放出笼去?"

她慢慢滑下披巾，踱到游泳池边，即将起跳那一刻，明媚地回转头，意味深长地说道："我留着。小灰兔总比雄狮安全。"

果真如此。后来她生意惨败，赔得连回国的飞机票都买不起。他焦急万状，火烧眉毛样找到我，买飞机票，买食品，买一切她喜欢的东西。她爱吃桔味软糖、果冻布丁、珍珠丸子……他就像名厨报菜单似地喋喋不休。我说韩国什么都有，他急了，眼珠鼓鼓着申辩：这些都是她在国内喜欢吃的。

我不知道一个两手提满了大包小包好吃的的丈夫，出现在汉城机场时是何等模样。但我知道他爱她，毫无条件地爱她。

当你爱一个人，不能融化在他的光芒里的时候，就做一只电筒吧，这不是委屈，而是执着。谁都知道，世界不可能永远亮丽，黑夜里的光束才最珍贵，痛苦中的慰藉才最真挚。

小偷和他的母亲

有个小孩从学校里偷了同学的写字板，交给母亲。母亲对小偷儿子不但不责备，反而称赞一番。第二次，他偷了一件外衣，交给母亲。母亲又对他大加夸奖。过了几年，孩子长大了，就开始偷更大的东西。有一回，他当场落网，绑着被人手押送到刽子手那里去。他母亲跟在后面，捶胸痛哭。小偷说，他想和母亲贴耳说几句话。母亲走上前去，小偷一下子衔住了母亲的耳朵，使劲咬了下来。母亲骂他不孝，犯了罪还不够，又把母亲弄成残废。小偷回答说："当初我偷写字板交给你时，如果你打我一顿，我现在就不会落到被人押去处死这个地步了。"

小错误如果没有得到惩戒，会形成人的侥幸心理，错误也会越犯越大，最终酿成大罪。对孩子的教育应用小事着手，断绝一切不良发展的隐患。孩子的成长就掌握在我们成人手里，千万不要忽视一点点小的失误，务须防微杜渐。

花

他在为工作埋头忙碌过冬季之后，终于获得了两个礼拜的休假。他老早就计划要利用这个机会到一个风景佳丽的观光胜地去，泡泡音乐厅，交些朋友，喝些好酒，随心所欲地休憩一番。

临行前一天下班回家，他十分兴奋地整理行装，把大箱子放进轿车的车厢里。第二天早晨出发前，他打电话给母亲，告诉她去度假的主意，她说：

"你会不会顺路经过我这里，我想看看你，和你聊聊天，我们很久没有团聚了。"

"母亲，我也想去看你，可是我忙着赶路，因为同人家已约好了见面时间的。"他说。

当他开车正要上高速公路时，忽然记起今天是母亲的生日。于是他绕回一段路，停在一个花店。店里有个小男孩，正挑好一把玫瑰，在付钱。小男孩面有愁容，因为他发现所带的钱不够，少了10元钱。

他问小男孩："这些花是做什么用的？"

小男孩说："送给我妈妈，今天是她的生日。"

他拿出钞票为小男孩凑足了花钱。小男孩很快乐地说："谢谢你，先生。我妈妈会感激你的慷慨。"

他说："没关系，今天也是我母亲的生日。"

小男孩满脸微笑地抱着花转身走了。

他选好一束玫瑰、一束康乃馨和一束黄菊花。付了钱，给花店老板写下他母亲的地址，然后发动车，继续上路。

仅开出一小段路，转过一个小山坡时，他看见刚才碰到的那个小男孩跪在一个墓碑前，把玫瑰花摊放在碑上。小男孩也看见他，挥手说：

"先生，我妈妈喜欢我给她的花。谢谢你，先生。"

他将车开回花店，找到老板，问道："那几束花是不是已经送走了？"

老板摇头说："还没有。"

"不必麻烦你了，"他说，"我自己去送。"

有人想尽一份孝心却没有机会，有人可以向父母表达爱意却不懂得珍惜。不要等到失去以后再来婉惜，好好把握你所拥有的亲情，别找借口，要奉献孝心，现在便是时候。

母亲的账单

小彼得是商人的儿子。有时他到爸爸的商店里去瞧瞧。店里每天都有一些收款和付款的账单要经办。彼得往往受遣把账单送到邮局寄走。他渐渐觉得自己似乎也已成了一个小商人。

有一次，他忽然想出一个主意：也开一张收款账单寄给妈妈，索取他每天帮妈妈做点事的报酬。

某日，妈妈发现她的餐盘旁边放着一份账单。

母亲欠她儿子彼得如下款项：

为取回生活用品　　20 芬尼

为把信件送往邮局　　10 芬尼

为在花园里帮助大人干活　　20 芬尼

为他一直是个听话的好孩子 10 芬尼

共计：60 芬尼

彼得的母亲仔细地看了这份账单一遍，什么也没说。

晚上，小彼得在他的餐盘旁边找到了他所索取的 60 芬尼报酬。正当他要把这笔钱收进口袋时，突然发现在餐盘旁边还放着一份给他的账单：

彼得欠他母亲如下款项：

为在她家里过的 10 年幸福生活　　0 芬尼

为他 10 年中的吃喝　　0 芬尼

为在他生病时的护理　　0 芬尼

为他一直有个慈爱的母亲　　0 芬尼

合计：0 芬尼

小彼得读着读着，感到羞愧万分！他怀着一颗怦怦直跳的心，蹑手蹑脚地走近母亲，将小脸蛋藏进了妈妈的怀里，小心翼翼地把那 60 芬尼塞进了她的口袋。

当我们还在计算我们的付出应该有多少回报时，我们有没有想过，对于别人为我们所做的事情，我们到底回报了多少。其实，生活中许多事情是无法计算得失的。既然我们生活在一起，就应该相互关爱、相互扶持，尤其对于我们的亲人，我们为之付出的永远太少了。

相同的想法

两只陌生的蜗牛在地球的某个路口相遇了，它们彼此用触角碰了碰，互致问候，然后各自继续朝相反的方向爬去。

但不幸的是它俩拥有了相同的想法：对方这么急着朝我来过的路爬去，肯定有什么事，一定是那路上有许多宝贝我没发现。这样想着，蜗牛们便同时折转头，朝来路爬去。

在同一个路口，两只蜗牛又相遇了，它们彼此友好地用触角碰了碰，又各自继续往前爬去。

忙碌了一辈子的蜗牛不知不觉中又爬回了起点。

生活中的人们，又何尝不像这两只蜗牛呢？有时在忙碌中，不自觉地迷失了自我以及前进的方向。在这种时候，我们何不静下心来好好考虑一下自己的人生目的，确立一个方向，然后再坚定地走下去。

最美的南瓜

每年到了美国的鬼节，我都要带女儿去南瓜园买南瓜。南瓜有大有小，今年全美最大的南瓜，有一辆小汽车那么大。但是最贵的南瓜，不是最圆、最美的，反而是最怪的。

今年我去南瓜园，看见大家围着一个胖女人，赞美她手上扁扁的南瓜，那瓜不但扁，而且有个弯弯细细的头和长长的瓜柄。

胖女人得意地说："好贵哟！但是值得。我要利用这个形状，做一只天鹅。你看！它大大的身子，弯弯的颈子，还有尖尖的嘴，多棒！”

我想人生也如此：最美的、最浪漫的、最被人津津乐道、也最余味无穷的，常常是看来是错的东西。不！人生无所谓对与错，既然是人生，就都是美的。你愈会看，它愈美！

我的吻在哪里

有个女孩名叫辛迪。她有一个和睦的家，日子过得也不错。但这个家从一开始就缺少了一样东西，只不过辛迪还没有意识到。

辛迪9岁那年，有一天到朋友德比家去玩，留在那儿过夜。睡觉时，德比的妈妈给两个女孩盖上被子，并亲吻了她们，祝她们晚安。

“我爱你”。德比的妈妈说。“我也爱你。”德比说。

辛迪惊奇得睡不着觉。因为在这以前从没人吻过她，也没人对她说爱她。她觉得，自己家也应该像德比家这样才对呀！

第二天辛迪回到家里，爸爸妈妈见到她非常高兴。“你在德比家玩得好吗？”妈妈问道。

辛迪一言不发地跑进了自己的房间。她恨爸爸妈妈：为什么他们从来都不吻她，从来都不拥抱她，从来都不对她说爱她呢？

那天晚上，上床前，辛迪特地走到爸爸妈妈跟前，说了声“晚安。”妈妈也放下手中的针线活，微笑着说：“晚安，辛迪。”除此之外，他们再没有别的表示了。

辛迪实在受不了！“你们为什么不吻我？”她问道。妈妈不知道如何是好：“嗯，是这样的，”她结结巴巴地说，“因为，因为我小的时候，也从没有人吻过我，我还以为事情就该这样的呢。”

辛迪哭着睡去了。好多天，她都在生气。最后，她决定离家出走，住到德比家里。

她收拾好自己的背包，一个字也没留下就走了。可是，当她来到德比家时，却没敢走进去。

她来到公园，在长椅上坐着，想着，直到天黑。突然，她有了一个办法。只要实施这个办法，这个办法一定会起作用的。

她走进家门时，爸爸正在打电话，妈妈冲她喊道："你到哪里去了？我们都快要急死了呢！"辛迪没有回答。她走向妈妈，在妈妈的右颊上吻了一下，说："妈妈，我爱你。"辛迪又给了爸爸一个拥抱："晚安，爸爸。"她说，"我爱你。"然后，辛迪睡觉去了，将她父母留在厨房里。第二天早晨，辛迪又吻了爸爸和妈妈。在公共汽车站，辛迪踮起脚尖吻着妈妈，说："再见，妈妈。我爱你。"

每天，每个星期，每个月，辛迪都这样做。爸爸妈妈一次也没有回吻过辛迪，但辛迪没有放弃。这是她的计划，她要坚持下去。

有天晚上，辛迪睡觉之前忘了吻妈妈。过了一会儿，辛迪的房门开了，妈妈走进来，假装生气地问："我的吻在哪里？嗯？"

"哦，我忘了。"辛迪坐起来吻妈妈，"晚安，妈妈，我爱你。"

辛迪重新躺到床上，闭上了眼睛。但她的妈妈没有离开，妈妈终于说："我也爱你。"她弯下腰，在辛迪的右颊上吻了一下，说："千万别再忘了我的吻。"

许多年以后，辛迪长大了，有了自己的孩子。她总是将自己的吻印在小宝贝粉红的脸颊上。

每次她回家时，她的妈妈第一句话就会问："我的吻在哪里？嗯？"当她离开家的时候，妈妈总要说："我爱你，你知道的，是吗？"

"是的，妈妈，我知道。"辛迪说。

当我们问出"我的吻在哪里"时，我们也该想想：我的吻给了谁？若要得到，首先自己就应该付出。感情也是一样，想要别人对你好，你首先得善待别人。去爱别人吧，你必将回收到一个充满爱的世界。

还俗和尚

一个和尚因为耐不得佛家的寂寞而下山还俗去了。

不到一个月，因为耐不得尘世的口舌，又上山了。

不到一个月，又因不耐寂寞而还俗去了。

如此三番，老僧就对他说：“你干脆也不必信佛，脱去袈裟；也不必认真去做俗人，就在庙宇和尘世之间的凉亭那里的一个去处，卖茶如何？”

这个还俗的人就讨了个小娘子，支起一爿茶店。

老僧的指引很对，半路子的人只能做半路子的事。

这就如一个人的一生，有时看着这山，心里却想着那山，总是以为那里的风景比这里好，为此而郁郁寡欢。如果能找准自己的人生位置，哪怕不能活得辉煌，也必能活得精彩。

多看了一眼

有一回，一位老人对我讲：我年轻时自以为了不起，那时我打算写本书，为了在书中加进点“地方色彩”，就利用假期出去寻找。我要在那些穷困潦倒、懒懒散散混日子的人们中找一个主人公，我相信在那儿可以找到这种人。

一点不差，有一天我找到了这么个地方，那儿是一个荒凉破落的庄园，最令人激动的是，我想象中的那种懒散混日子的味儿也找到了——

一个满脸胡须的老人，穿着一件褐色的工作服，坐在一把椅子上为一块马铃薯地锄草，在他的身后是一间没有油漆的小木棚。

我转身回家，恨不得立刻就坐在打字机前。而当我绕过木棚在泥泞的路上拐弯时，又从另一个角度朝老人望了一眼，这时我下意识地突然停住了脚步。原来，从这一边看过去，我发现老人椅边靠着一副残疾人的拐杖，有一条裤腿空荡荡地直垂到地面上。顿时，那位刚才我还认为是好吃懒做混日子的人物，一下子成了一个百折不挠的英雄形象了。

从那以后，我再也不敢对一个只见过一面或聊上几句的人，轻易下判断或做结论了。

感谢上帝让我回头又看了一眼。

由于自身的浮躁，我们经常在未作充分了解之前，便对一些事情轻率地作出结论。为何不回头多看一眼？或许事实与我们的结论截然相反。

金子与大蒜

听说过这样一则民间笑话：古代有一个中国人，背着一袋大蒜辗转来到撒哈拉大沙漠的一个阿拉伯国家，把这一袋大蒜献给至高无上的国王。国王品尝大蒜之后说，从来没有吃过这么好的调味品，于是给中国人回赠了一袋阿拉伯国家盛产的黄金。

另外一个中国人听说一袋大蒜能换一袋金子，真是便宜事，于是他背了一袋大葱千里迢迢来到这个国家，把大葱献给了至高无上的国王。国王品尝了之后说，从来没有吃过这么好的调味品，味道简直赶上了大蒜。

国王接着，过去我们馈赠朋友最好的礼物是金子，现在我们国家最好的礼物是大蒜。好吧，就把这袋大蒜送您啦！于是这位中国人得到了一袋大蒜。

国王把最好的东西送给了朋友。这位中国人没有得到金子，实在不值得遗憾，因为对于阿拉伯国家的国王来说，比金子更宝贵的非大蒜莫属了。把自己认为最好的东西送给友人，这是最好的馈赠和回报。友人所赠，无论是否名贵，都是值得珍惜的。

亚历山大的双手

希腊伟大的国君亚历山大大帝，一生叱咤风云，在极短的时间就征服了欧、亚、非三大洲，拥有无数的财富、土地以及人民。

据说他曾为没有可征服的地方而伤心落泪。但是这位历史上极具成就的君王，到三十多岁就因生病而面临死亡。

在去世前他感触良多，要求他的部属在棺木上挖两个洞，等他死后，把他的双手伸出来，露在外面，他要藉此昭告世人：他虽然拥有无数的财富和崇高的地位，但死了之后，却一样都带不走。

不管一个人在生前有多么辉煌，多富有，在死时，他连一样也带不走。我们对尘世的贪欲和留恋太多，反而阻碍了我们好好来品味自己的人生。我们不应用消极的思想来阻碍自己的创造，相反，我们要更懂得珍惜和拥有自己的生命，让它发挥自己的最大价值。

窗口

有这样一则轶闻，说牛津大学的一位校长有次去拜访他的一位朋友，朋友带他走进一间大房子后严肃地说：“这是我的书房。”校长环顾四壁，不见书架不见书，唯见窗户对着一条大街，人来人往热闹非凡，于是应声而言：“人最适宜修读的学科就是人。”他说得很深刻也很幽默，他说出了通过窗户可以读人这么一层道理。

人是一本读不完的书，我们从生活中学到的东西最多，也是最有价值的。保持一双慧眼，细致地打量我们的生活，从中获取我们要学习的一切。懂得学习别人，我们就能不断进步，在生活中更能得心应手。

永不休息的鬼

一个外乡人在卖鬼。

一个路过的人大起胆子问：“你的鬼，一只卖多少钱?”

“200两黄金!”

“你这是搞什么鬼？要这么贵!”

外乡人说：“我这鬼很稀有，它是只巧鬼，很会工作，你买回去只要很短的时间，不但可以赚回200两黄金，还可以成为富翁呀!”

路过的人感到疑惑：“这只鬼既然那么好，为什么你不自己使用呢?”

外乡人说：“不瞒您说，这鬼万般好，唯一的缺点是，只要一开始工作，就永远不会停止，只要一有空闲，它就会完全按照自己的意思工作。我自己家里的活儿有限，不敢使这只鬼，才想把它卖给更需要的人！”

过路人心想：自己的田地广大，家里有忙不完的事，于是就花200两黄金把鬼买回家，成了鬼的主人。

主人叫鬼种田，没想到一大片地，鬼两天就种完了。主人叫鬼盖房子，没想到他三天就盖好了。主人叫鬼做木工装潢，没想到他半天就装潢好了。

短短一年，鬼主人就成了大富翁。

但是，主人和鬼变得一样忙碌，鬼是做个不停，主人是想个不停，他劳心费神地苦思下一个指令，每当他想到一个困难的工作，例如在一个核桃里刻10艘小舟，或在象牙球里刻9个象牙球，他都会欢喜不已，以为鬼要很久才会做好。没想到，不论多么困难的事，鬼总是很快就做好了。

有一天，主人实在撑不住，累倒了，忘记吩咐鬼要做什么事。

鬼把主人的房子拆了，将地整平，把牛羊牲畜都杀了，一只一只种在田里，将财宝衣服全部捣碎，磨成粉末，再把主人的孩子杀了，丢到锅里蒸煮……

原来，永远不停止地工作，竟也是最大的缺点呀！

人生的目的并不仅仅是工作，工作只是我们生活的一部分，如果永不停止地工作，我们便成了一架机器，失去了生活的意义。在工作的时候，我们应该想一想：我们到底为什么工作？我们的生活中是否还有别的事要做？或许我们会找到工作之外的人生意义。

富兰克林的价值观

在富兰克林报社前面的商店里，一位犹豫了将近一个小时的男人终于开口问店员了："这本书多少钱?""一美元。"店员回答。"一美元?"这人又问，"你能不能少要点?""它的价格就是一美元。"没有别的回答。

这位顾客又看了一会儿，然后问："富兰克林先生在吗?""在。"店员回答，"他在印刷室忙着呢。""那好，我要见见他。"这个人坚持要见富兰克林。于是，富兰克林就被找了出来。这人问："富兰克林先生，这本书你能出的最低价格是多少?""一美元二十五分。"富兰克林不假思索地回答。"一美元二十五分？你的店员刚才还说一美元一本呢。""这没错，但是，我情愿倒给你一美元也不愿意离开我的工作。"

这位顾客惊异了，他心想，算了，结束这场自己引起的谈判吧，他说："好，这样，你说这本书最少要多少钱吧。""一美元五十分。""又变成一美元五十分？你刚才不是说一美元二十五分吗?""对。"富兰克林冷冷地说："我现在能出的价钱就是一美元五十分。"

这人默默地把钱放在柜台上，拿起书出去了。这位著名的物理学家和政治家给他上了终生难忘的一课：对于有志者，时间就是金钱。

每个人的生命都是有限的，因而时间显得弥足珍贵。对于有志者，时间就是金钱，时间就是成功的砝码。因此，浪费别人时间就等于谋财害命。让我们懂得好好利用自己的时间，也好好珍惜别人的时间。

成功来自创新

在一次体育课上，体育老师正在考核一群小学生有谁能跃过一米一五的横杆。几乎所有的学生都没有成功。轮到一名十一岁的小男孩时，他犹豫半天，一直在冥思苦想如何才能跳过一米一五。但时间不允许了，老师再一次催促他立即行动。

情急之中，他跑向横杆，却忽发奇想，竟在到达横杆前的一刹那转过身体，面对老师背对横杆，腾空一跃，他鬼使神差般跳过了一米一五的高度。他狼狈地跌落在沙坑中，体育老师微笑着扶他起来，并表扬他有创新精神，鼓励他继续练习他的“背越式”跳高，并帮助他进一步完善其中的一些技术问题。而这位小学生也不负众望，后来他在 1968 年墨西哥奥运会上，采用“背越式”的奇特跳高姿势，征服了二米二四的高度，刷新了当时奥运会的跳高纪录，一举夺取了奥运会跳高金牌，成为蜚声全球、赫赫有名的体坛明星。

他就是美国跳高运动员理查德·福斯伯。

我们在生活中，既要吸收前人的经验，遵循一些已被发现的规律行事，同时也要不断创新，因为人类的潜能是无穷无尽的。一味地遵循旧规则，跟在别人背后，会永远生活在别人的阴影里。人，要试着走出自己的一片天地。

快乐

你也许听过一个国王的故事，他患上忧郁症，奄奄待毙；群医想尽办法来救他。后来想出一个方法，这就是：他若能得到国内一个十足快乐的人的一件衬衫，把它穿上，他的忧郁症就可痊愈。国王派出臣仆，在全国找寻一个完全快乐的人。

最后终于找到了一个这样的人。他是一个流浪汉，脸孔黝黑，无拘无束，快乐万分。国王的臣仆告诉他，只要他肯把衬衫出让，什么价钱都可以给。谁知这位流浪汉穷得连一件衬衫也没有。

要得到真正的快乐，绝不能靠物质，是建立在对自己和对别人的正确关系上。只有正确地处理好这些关系，才能达到快乐的至高境界。

非走不可的弯路

在青春的路口，曾经有那么一条小路若隐若现，召唤着我。

母亲拦住我："孩子，那条路走不得。"

我不信。

"我就是从那条路上走过来的，你怎么还不相信？"

"既然你能从那条路上走过来，我为什么不能？"

"我不想让你走弯路。"

"但是我喜欢，而且我不怕。"

母亲心疼地看我好久，然后叹口气："好吧，你这个倔强的孩子，那条路很难走，要一路小心。”

上路后，我发现母亲没有骗我，那的确是条弯路。我碰壁，摔跟头，有时碰得头破血流，但我不停地走，终于走过来了。

坐下来喘息的时候，我看见一个朋友，他自然也很年轻，正站在我当年的路口，我忍不住喊：“那条路走不得。”

她不信。

“我母亲就是从那条路上走过来的，我也是。”

“既然你们都从那条路上走过来了，我为什么不能？”

“我不想让你走同样的弯路。”

“但是我喜欢。”

我看了看她，看了看自己，然后笑了：“一路小心。”

我很感激她，她让我发现自己不再年轻，已经开始扮演“过来人”的角色，同时患有“过来人”常患的“拦路癖”。

在人生的路上，有一条路每个人都非走不可，那就是年轻时候的弯路。不碰壁，不摔跟头，不碰个头破血流，怎能炼出钢筋铁骨？怎么长大呢？

“我爱你”

二战接近尾声的时候，我接到上级的命令，我将调离我已指挥多年的商舰。我将行囊打点好，正准备离去的时候，大副来到我的住处，向我报告全体船员都在外面等着，他们期望能与我说上一声再见。

12个男人站在栈桥等我。一位老擦拭工向前走来，他行动快捷，带着几分局促。他把一只手表塞到我的手中，上面刻着：送给乔治·格兰特船长，你带领我们安全地驶出了战争。

我望着他们，嗓子哽住了。他们来自南美的不同国家：哥斯达黎加、巴拿马、洪都拉斯。为了给英国运送炸药，我们一次又一次地穿越大西洋；为了给我们的部队送去圣诞的欢乐，我们在太平洋里迂回前行。我们还多次给正在作战的盟军战舰送去供给；我们一起分担危险、寂寞与恐惧。

“你们为什么这么做?”我脱口而出。老擦拭工用西班牙语答道：“我们爱你，先生。”

后来，又有一次，一位上了年纪的朋友患了癌症，他去日不多，但他生活非常积极。作为朋友，他善解人意，富有同情心。他知道他快要死了，然而有一晚我们围坐在他的钢琴前，他似乎给人一种生命永恒的感觉。

突然我心中涌起一股奇特的情绪。我抓住他的胳膊，说：“啊，我爱你!”我根本来不及控制自己。他在我的拥抱中有几分僵硬，就是那种当一个男人被另一个男人搂着时常有的僵硬。我以为他会把我推开，可过了一会儿，一颗泪珠滚落他的脸颊，他也放松下来。他开玩笑般地给了我肚子一拳，这是他的习惯。“你啊，你这个老骗子。”他说。

“我爱你”这三个美妙的字眼是情侣们常挂在嘴边的话，但是对其他人而言，总觉得难以启齿。这三个字里包含了多少感激、理解和信任，所以当你想要说时，就请说吧，大声地说出“我爱你”。

第四章
掌握生存的法则

沙漠里的中暑者

从前，有两个人结伴穿越沙漠。走到半途，水被喝完了，其中一人也因中暑而不能行动。同伴把一枝枪递给中暑者，再三吩咐："枪里有五颗子弹，我走后，每隔两小时你就对空中鸣放一枪，枪声会指引我前来与你会合。"说完，同伴满怀信心地找水去了。

躺在沙漠里的中暑者却满腹狐疑：同伴能找到水吗？能听到枪声吗？他会不会丢下自己这个"包袱"独自离去？

暮色降临的时候，枪里只剩下一颗子弹，而同伴还没有回来。中暑者确信同伴早已离去，自己只能等待死亡。想像中，沙漠里的秃鹰飞来，狠狠地啄瞎了他的眼睛，啄食着他的身体……终于，中暑者彻底崩溃了，把最后一颗子弹送进了自己的太阳穴。

枪声响过不久，同伴提着满壶清水，领着一队骆驼商旅赶来，找到了中暑者温热的尸体。

那位中暑者不是被沙漠的恶劣气候吞没的，而是被自己的恶劣心理毁灭的。面对友情，他用狐疑代替了信任；身处困境，他用绝望驱散了希望。很多时候，打败自己的不是外部环境，而是自己本身。

不可一世的猴子

有只不可一世的猴子，总认为自己是森林中最伟大的动物。

一天下午，它独自散步，走着走着，它意外地发现了自己身影很巨大。这个新发现让它很高兴，它更相信自己是森林中最了不起的动物。

正在得意忘形之际，来了一只老虎。猴子看到老虎一点都不怕，它拿自己的影子和老虎相比较，结果发现自己的影子比老虎还大，就不理睬老虎，自得其乐地在那里继续跳舞。

老虎趁它毫无戒心之时，一跃而上，把那只得意忘形的猴子咬死了。

自高自大的结果除了处处碰壁之外，最惨的可能就如那只猴子，以自己的生命为代价，换取的却是别人的嘲笑与不屑。好好认识自己，任何时候都要保持清醒的理智，头脑发热可能会给我们带来灾难性的后果。

必须有一方投降

参加过大西南剿匪的父亲给我讲过一个他亲历的故事。

父亲端着步枪刚从一座巨岩后拐出来，就迎面撞上了一个也端着步枪的土匪。两个人相距只有五、六步，同时将枪口指住了对方的胸膛，然后就一动不动了。

如此近的距离，不管谁先开枪，打死对方的同时，自己肯定也得被对方打死，一旦动起手来就是同归于尽。

要想都保全性命，就必须得有一方投降。

双方对峙着，枪口对着枪口，目光对着目光，意志对着意志。

其实总共只对峙了十几秒钟，可父亲感到是那么的漫长。那是他一生中唯一的一次对时光的流逝产生刻骨铭心的印象。

父亲不知道他已经咬破了自己的下嘴唇，两条血溪濡湿了下巴。他的大脑中一片空白，只有一个念头支撑着他：

必须有一方投降，但投降的决不能是我！

父亲眼睁睁看着那个土匪的精神垮掉——先是脸煞白，面部痉挛，接着是大汗淋漓，最后是双手的握肌失能——枪掉到了地上。

土匪“扑通”跪了下去，连喊饶命。

父亲努力控制着自己，才没有晕厥过去。他和土匪都清楚：双方的命，保住了！

押着土匪，见到自己人时，父亲再也坚持不住了，一屁股坐到地上。

同志们以为他负伤了，赶忙跑过来，父亲虚脱般地说：“没事！我只是累坏了。”

父亲的这个故事永远印刻在了我的脑海里。这十几年来，不论遭遇多么大的坎坷与挫折，我总用故事中父亲的那句话鼓励自己：

必须有一方投降，但投降的决不能是我！

结果，我都在最后取得了胜利。

斗争在许多时候就是意志的较量，意志坚定者便是最后的赢家。面对人生的艰险与挫折，我们也须有顽强的意志，我们知道，如果不把困难征服就会被困难打倒。必须有一方投降，但投降的决不应该是我们。

抉择

一个农民从洪水中救起了他的妻子，孩子却被淹死了。

事后，人们议论纷纷。有的说他做得对，因为孩子可以再生，妻子却不能死而复活。有的说他做错了，因为妻子可以另娶一个，孩子却不能死而复活。

如果只能救活一个，究竟应该救妻子呢，还是救孩子？

于是有人问那个农民，问他当时是怎么想的。

他答道："我什么也没想。洪水袭来时，妻子在我身边，我抓住她就往附近的山坡游。当我返回时，孩子已经被洪水冲走了。"

在人生的许多重大抉择面前，人们犹豫、困惑，难以取舍，结果时机已过，连抉择的可能都没有了，从而后悔不及。其实，首先抓住能够把握好的东西，然后再考虑其它，这是最有效、最明智的做法，千万别等到本可以把握的东西也失去后才来追悔。

谁快谁就赢

在非洲的大草原上，一天早晨，曙光刚刚划破夜空，一只羚羊从睡梦中猛然惊醒。

"赶快跑！"它想到，"如果慢了，就可能被狮子吃掉！"

于是，它起身就跑，向着太阳飞奔而去。

就在羚羊醒来的同时，一只狮子也惊醒了。

"赶快跑"，狮了想到，"如果慢了，就可能会被饿死！"

于是，它起身就跑，也向着太阳奔去。

谁快谁就赢，谁快谁生存。一个是自然界兽中之王，一个是食草的羚羊，等级差异，实力悬殊，但生存却面临同一个问题——如果羚羊跑得快，狮子就饿死；如果狮子跑得快，羚羊会被吃掉。同样，在我们的生活中，也遵循着"谁快谁就赢"的原则。

公牛和野山羊

公牛遭狮子追赶，逃进山洞，洞里有一群野山羊。野山羊对他又踢又顶。公牛告诉野山羊说："我忍耐着，并不是怕你们，是怕那站在洞口的狮子。"

许多人是因为害怕强大者才忍耐着弱小者的凌辱。不要认为这是一种懦弱，其实这是生存的艺术。弱小者若不明白这个道理，反而以为自己有多了不起，那它就离危险不远了。

用上所有的力量

星期六上午，一个小男孩在他的玩具沙箱里玩耍。沙箱里有他的一些玩具小汽车、敞篷货车、塑料水桶和一把亮闪闪的塑料铲子。在松软的沙堆上修筑公路和隧道时，他在沙箱的中部发现了一块巨大的岩石。

小家伙开始挖掘岩石周围的沙子，企图把它从泥沙中弄出去。他是个很小的小男孩，而岩石却相当巨大。他手脚并用，似乎没费太大的力气，岩石便被他连推带滚地弄到沙箱的边缘。不过，这时他才发现，他无法把岩石向上滚动以翻过沙箱边的墙。

小男孩下定决心，手推、肩挤、左摇右晃，一次又一次地向岩石发起冲击，可是，每当他刚刚觉得取得了一些进展的时候，岩石便滑脱了，又重新掉回沙箱。

小男孩气得哼哼直叫，拼出吃奶的力气猛推猛挤。但是，他得到的唯一回报便是岩石再次滚落回来，并且砸伤了他的手指。

最后，他伤心地哭了起来。这整个过程，男孩的父亲从起居室的窗户里看得一清二楚。当泪珠滚过孩子的脸庞时，父亲来到了他的跟前。

父亲的话温和而坚定："儿子，你为什么不用上你所有的力量呢?"

垂头丧气的小男孩抽泣道："但是我已经用尽全力了，爸爸，我已经尽力了！我用尽了我所有的力量!"

"不对，儿子，"父亲亲切地纠正道，"你并没有用尽你所有的力量。你没有请求我的帮助。"

父亲弯下腰，抱起岩石，将岩石搬出了沙箱。

用上所有的力量，并不只是自身的力量，还包括我们可以借用的外界的力量。每个人自身的力量都是有限的，许多问题不是一个人能解决的，借助外界的力量就必不可少了。当自己无能为力时，别忘了你还没有用上所有的力量，还有别人的力量可以帮助你呢。

父亲的电话

可能谁都会遇到这样的事。曾有一段时期，我因辞职而陷入深深的苦恼。我之所以辞职，是因为我在公司里被上司和同事们冷落，我不明白为什么我这么拼命干，还是被人误解。

就在这段日子的一个晚上，父亲很难得地给我打来了一个电话。

"宏，人生并不是生存，而是被允许生存和让他人生存，你必须认识到这一点。"

我吃了一惊，迄今我从未与父亲认真地谈论过人生。因为太突然，我并不明白父亲所说话的含义。但是父亲未理会我的反应，只是低声缓慢地说着。

“只有自己能力强，而其他人都不行，你是以这种眼光看待他人的吧？”

父亲好像从我妻子那里听到了什么，感到担心才给我打的电话。

“你这种眼光是害人的眼光，害人者会被人害，你必须用让他人生存的眼光去看待人，你懂吗？你必须要清楚地看到他人的缺点，有缺点的人也一定有优点，但你却看不到。能看到他人的优点，就是让他人生存，这不是件简单的事。”

我有些理解父亲的话了，父亲在善意地批评我的唯我独善。

“人，仅一个人不能生存，上帝就造就了一个人是不能幸福的。就说你，如果不与妻子、孩子，不与更多的人在一起，能幸福吗？只有与人们一起生存才能幸福，这也是一个人应具有的器量。”

父亲的话还在继续，我已心潮激荡，无言以对。

“人，没有他人帮助，就一事无成。今后，你应以让他人生存的眼光去看人，这样你就会感到世界骤然发生变化，你也会被允许生存。”

从那之后，已过了五年。我又有了第二个儿子，我的家充满欢声笑语。我期待着什么时候能对孩子们说：“人生不是生存，而是被允许生存和让他人生存。”

我们与其他人生活在同一个空间里，我们不可能只是一个人生存，只是一个人幸福。我们的生活离不开别的人的存在，在帮助别人的同时往往也是在帮助自己。是的，人生不是生存，而是被允许生存和让他人生存。

启示

这是一件发生在童年的小事。

我的老爸爸也许已经把它忘记了，然而，这件事，却对我的一生或多或少地发生了影响。

那年，我9岁。

一日，坐在靠近门边的桌前写大楷。门铃响了，爸爸应门，是邻居。两人就站在大门外交谈。

那天风很猛，把我的大楷本子吹得“啪啪”作响，我拿着墨汁淋漓的笔去关门。猛地把门一推，然而，立刻的，大门由于碰到障碍物反弹回来；与此同时，我听到父亲尽力压抑而仍然压不下去的喊声。

门外的父亲，眉眼鼻唇，全都痛得扭成了一团，就连头发，也都痛得一根一根地站了起来；而他的十根手指呢，则怪异地缠来扭去。一看到我伸出门外一探究竟的脸，父亲即刻暴怒地扬起了手，想刮我耳光；但是，不知怎的，手掌还没有盖到我脸上来，便颓然放下，我的脸颊，仅仅感受到了一阵掌风而已。

邻居以责怪的口气对我说道：“你太不小心了，你父亲的手刚才扶在门框上，你看也不看，就把门用力地关上……”

啊，原来我几乎把爸爸的手指夹断！

偷眼瞅父亲，他铁青着脸搓手指，没有看我。

十指连心，父亲此刻剧烈的痛楚，我当然知道；但是，当时的我，毕竟只是一名9岁的儿童，所关心、我所害怕的，是父亲到底会不会再扬起手来打我。

父亲不会。

当天晚上，父亲的五根手指浮肿得很大，母亲在厨房里为他涂抹药油。我无意中听到父亲对母亲说道：

“我实在痛得很惨，原想狠狠打她一个耳光，但是，转念一想，我是自己把手放在夹缝处的，错误在我，凭什么打她！”

父亲这几句话，给了我一个毕生受用无穷的启示：犯了错误，必须自己承担后果。不可迁怒他人，不可推卸责任。

谢谢您，爸爸。

人有自我防御的本能，往往不自觉地尽量推卸责任；但人也是有理性的，可以客观地分析问题，做到凭良心办事。犯了错误，勇于自己承担责任，不迁怒别人，这是人性的一大优点，也是值得继承和发扬的。

秩序

高速公路上堵车。大概又是车祸。讲究秩序与条理的德国人在公路上却追求自由放任；因为没有时速限制，车一辆比一辆开得快，赛车似的，但是一撞，也就一辆撞着一辆。一、两百公里的速度下肇成的车祸，不是死亡就是严重的残废。

一寸一寸的往前移动，慢得令人不耐烦，但是没有任何车子脱队超前。近乎平行的交流道上也塞满了车，也是一寸一寸的移动。20 分钟之后，我们的车熬到了与交流道交会的路口，我才猛然发觉这两条路上的车子是怎么样一寸一寸移动的：在交口的地方，主线前进一辆，交流道接着吐进一辆，然后又轮到主线的车，然后是交流道的车……像拉链似的缝合，左一辆、右一辆、左一辆、右一辆，而后所有的车都开始奔驰起来。

这样的社会秩序来自一种群体的默契。不需要警察的监视，不需要罚规的恐吓，不需要红绿灯的指示，每一个人都遵守着同一个“你先我后”的原则，而这又是非常简单的原则：秩序，是唯一能使大家都获得应有利益的方法。

猎羊

乌鸦显然斗不过羊。于是，它想了个办法：它们落到羊群之后，衔走羊刚刚拉下的粪便，再飞到高空，寻找狼的行踪。一旦发现狼，就把羊粪一粒粒地“空投”下去。狼闻到新鲜的羊粪味，就跟着羊粪走，于是，很快叼走一只羊跑了。等到狼吃完了一只羊，剩下的，就是乌鸦们的大餐了。乌鸦很聪明，它们在“导演”一出生存“室外剧”。

“利用他人”，在过去的文章里，一直都是挨骂的论断。其实人世间，最大的财富就是人力资源，为什么我们只想着向遥远的星星要火，而独忘了身边有个卖火柴的陌生人呢？也许是我们太有优越感了，由此而轻视了他人的力量与存在；也许是因为我们害怕别人的胜利，进而也会拒绝了别人胜利的果实。

三十六计

古希腊哲学家苏格拉底在公元前 399 年 70 岁时，被控告为不信上帝和腐蚀雅典青年而遭审讯并判以死刑，在做了一场著名的辩护演说未能改变判决的情况下，他不听朋友要其逃走的劝告，为维护法律，饮鸩自尽。无独有偶，公元前 323 年，他的学生（柏拉图）的学生、伟大的哲学家和科学家亚里士多德被雅典占统治地位的反马其顿派别指控犯有“渎神罪”。亚里士多德想起了76年前老师的命运，他毅然逃离雅典，边逃边说：“我不会给雅典第二次机会来犯下攻击哲学的罪行。”

要维护真理必须有牺牲，所以有人选择了英勇就义，以死捍卫自己的信念，来警示世人。但保存自己，等待时机反击也不失为一高明的斗争策略。在你死我亡的斗争中，保全我方实力便是对敌人的打击，记住：留得青山在，不怕没柴烧。

公平

一个青年人非常不幸，10岁时母亲害病去世，他不得不学会洗衣做饭，照顾自己，因为他的父亲是位长途汽车司机，很少在家。

7年后，他的父亲又死于车祸，他必须学会谋生，养活自己，他再没有人可以依靠。

20岁时他在一次工程事故中失去了左腿，他不得不学会应付随之而来的不便，他学会了用拐杖行走，倔强的他从不轻易请求别人的帮助。最后他拿出所有的积蓄办了一个养鱼场。然而，一场突如其来的洪水将他的劳动和希望毫不留情地一扫而光。

他终于忍无可忍了，他找到了上帝，愤怒地责问上帝：“你为什么对我这样不公平？”

上帝反问他：“你为什么说我对你不公平？”他把他的不幸讲给了上帝。

“噢！是这样，的确有些凄惨。可为什么你还要活下去呢？”

年轻人被激怒了：“我不会死的，我经历了这么多不幸的事，没有什么能让我感到害怕。总有一天我会创造出幸福的！”

上帝笑了，他打开地狱之门，指着一个鬼魂给他看，说：“那个人生前比你幸运得多，他几乎是一路顺风走到生命的终点，只是最后一次和你一样，在同一场洪水中失去了他所有的财富。不同的是他自杀了，而你却坚强地活着……”

上帝对每一个人都是公平的，即使你在生活中遇到一些挫折，那只是对你的考验，它能帮助你变得坚强，更懂得珍惜幸福。经不起考验，丧失了生活的勇气，也就永远品尝不到幸福。只要坚强地活着，总有一天会创造出幸福的。

勇者

二十多年前，我当电视记者的时候，有一次要去韩国采访亚洲影展。当时去外国的手续很难办，不但要各种证件，而且得请公司的人事和安全单位出函。

我好不容易备妥了各项文件，送去给电影协会代办的一位先生。可是才回公司，就接到电话，说我少了一份东西。

“我刚才放在一个信封里交给您了啊！”我说。

“没有！我没看到！”对方斩钉截铁地回答。

我立刻冲到西门町的影协办公室，当面告诉他，我确实已细细点过，把它装在牛皮纸信封里交给了他。

他举起我的信封，抖了抖，说：“没有！”

“我人格担保，我装了！”我大声说。

“我也人格担保，我没收到！”他也大声地吼起来。

“你找找看，一定掉在了什么地方！”我吼得更大声。

眼看采访在即，我气呼呼地赶回公司，又去一关一关“求爷爷、告奶奶”地办那份文件。就在办的时候，突然接到影协“那个人”的电话。

“对不起！刘老生，是我不对，不小心夹在别人的文件里了，我真不是人、真不是人、真不是人……”

我怔住了。忘记是怎么挂上那个电话的。今天我也忘记了那个人的长相。但不知为什么，我总忘不了“他”，明明是他错，我却觉得他很伟大：他明明可以为保全自己的面子，把发现的东西毁掉。但是，他没有这么做，却来认错。

我佩服他，觉得他是一位勇者。

勇于承担责任，勇于改错，这是勇者的风范。或许我们可以隐瞒住自己的错误，保全自己的面子，但同时我们也会丧失更宝贵的东西。只有勇者才能更洒脱自如地屹立于世间，懦夫只能蜷缩在某个角落簌簌发抖。让我们做真正的勇者。

一流与二流

美国作曲家盖什文，成就卓著，闻名遐迩，可是他还想跟法国作曲家、《茶花女》的作者威尔第学作曲。他远渡重洋，来到巴黎，没想到威尔第竟不领情，一口谢绝了盖什文的请求，并说了一句耐人寻味的话：“你已经是第一流的盖什文了，何苦要成为第二流的威尔第呢?”

学别人学得不管多像，也只能成为他人第二。走别人走过的路，将迷失自己的脚印。坚持自己的个性，将之发挥得淋漓尽致，你就可以成为一流的你自己。

声誉是一种投资

一位著名的企业家，在他还是一个穷光蛋时，便开始为自己日后的事业打基础，他明白一个人的名声就是永远的财富。

一次，他向某银行借了500元，这是他并不需要的钱。他之所以借钱，是为了树立声誉。那500元钱，实际上他从未动用过，只是等借款到期的通知一送来，他便立刻前往银行还钱。

从那以后，银行对他就比较信任，贷款都很容易商量。

另有一位成功的推销员，他有一种独到的推销策略，即每次登门拜访客人时，总是开门见山地先说明："我只耽误你一分钟"，按下手表，计时开始，再递过来一份精心设计的文案，口若悬河地讲一分钟。

说用一分钟，就用一分钟，一秒不差。

而这带给客户的印象是"他说到做到"，即"有信誉"。

三天后，这位推销员再度来电话，在电话上自我介绍，客户一定都还记得他，就是那个"只讲一分钟"的人。而他留下的书面资料呢？大部分客户会看的；有没有进一步的商机呢？大部分都会有的。

声誉是一种投资，也是一笔财富。有着良好声誉的人，可以更多地获得别人的信任和支持，做起事来也会左右逢源。声名狼藉的人谁都敬而远之，办起事来就会处处碰壁。不要图一时之利损坏了你的声誉，好好经营它，它会给你带来无法计算的利润。

羊之狼性

西北某地长年缺水，草场退化。羊儿们一旦找到绿色，即群起而围之，瞬间，草没了。群羊争着用蹄、用角拼命向土里挖草根。那态势并无温驯之本色，倒颇具狼性。天酷热，偏又大旱，可羊儿们都死命围靠一团，且越挤越紧，牧人奋力驱散羊群，但见其中一分娩母羊倒在血泊中——群羊饥渴，吸干了小羊羔的血，又饮母羊的。牧人大惊，他分明是在放牧一群狼！

维持人与自然的相对平衡，是千万年来“生物多样性”的最原始法则，顺应这一法则，现称之为“可持续发展”。在这个意义上说，你改变了自然，自然必注定改变你。真不希望羊之狼性在其他领域中再现。

两只蠢山羊

从河两岸走来两只山羊，在一个独木桥上碰头了。独木桥很窄，容不得两只羊同时过桥。这两只蠢羊谁也不肯退回去让另一只先过。

它们在桥正中，谁也不顾及有掉下去丧命的危险，就顶起牛来了。两只羊用力顶牛，直到“扑通”一声掉入急流之中。

如果换两个明智的山羊，完全可以安全地通过木桥；这两只低能的山羊，在这种愚蠢和莽撞的角斗中白白地丧失了宝贵的生命。合作利人利己，相互争斗则只会两败俱伤，在人与人的交往中也应遵循这个原则。

博士与船夫

从前一个博士搭船过江。

在船上，他和船夫闲谈。

他问船夫："你懂得文学么？"船夫答说："不懂。"

博士又问："那么历史学、动物学、植物学呢？"

船夫仍然摇了摇头。博士嘲讽地说："你样样都不懂，十足是个饭桶。"

不久，天色忽变，风浪大作，船即将翻覆，博士吓得面如土色。

船夫就问他："你会游泳吗？"博士回答说："不会。样样都懂，就是不会游泳。"

说着船就翻了，博士大呼救命。船夫一把将他抓住，救上岸，笑着对他说："你所懂的，我都不懂，你说我是饭桶。但你样样都懂，却不懂游泳，要不是我，恐怕你早已变成一个水桶了。"

世界上的万事万物都有其存在和发展的理由。并非每个人都是完美无瑕的，当你连生命都无法保障时，即便有满腹经纶，恐怕也无用武之地了。

一枚五戈比的铜钱

从莫斯科到雅斯纳雅·波良纳有二百公里。这段路程父亲有时候徒步行走。他喜欢步行。背上搭个口袋，长途跋涉跟沿途流浪的人们结伴而行，谁也不知道他是谁。路上的行程一般需要五天。沿途食宿经常在车马大店或随便一个住处就近解决。如果赶上火车站，他便在三等车厢的候车室歇歇脚。

有一次，他正在这种车站候车室里休息，忽然想到月台上去走走。这时刚好一列客车停在那里，眼看就要开车了，父亲忽然听见有人在招呼他："老头儿！老头儿！"一位太太探身车窗外在喊他，"快去盥洗间把我的手提包拿来，我忘在那儿了……"父亲急忙赶到那里，幸好，手提包还在。

"多谢你了，"那位太太说，"给，这是给你的赏钱。"于是递给他一枚五戈比的大铜钱。

父亲不慌不忙地将它装进了口袋。

"您知道您把钱给谁了吗？"一位同行的旅伴问这位太太。她认出了这个风尘仆仆的赶路人就是大名鼎鼎的《战争与和平》的作者。"他是列夫·尼古拉耶维奇·托尔斯泰呀！"

"天呀！"这位太太叫道，"我干的什么呀！列夫·尼古拉耶维奇！列夫·尼古拉耶维奇！看在上帝的份上，原谅我吧，请把那枚铜钱还给我！把它给您，真不好意思。哎呀，我的天，我这干的是什么呀！……"

"您不用感到不安，"父亲回答说，"您没做错什么事……这五戈比是我挣来的，所以我收下了。"

火车鸣笛了，开动了，它把一直在请求父亲原谅并希望将那五戈比要回去的太太带走了。父亲微笑着，目送着远去的火车。

劳动是人的天职，我们用自己的劳动来养活自己，也用自己的劳动支撑和创造这个世界。劳动是光荣的，不劳而获的硕鼠生活则是可耻的，我们将怀着自豪的心情来采撷和享用自己的劳动成果。

盖房子的故事

有三个盖房子的，每人都在盖一间房。

第一个边盖边骂：“妈的，老子累得满头大汗却让别人来住，我凭什么认真?”于是胡乱地盖，把乱糟糟的牢骚也砌了进去，硬是把房盖成了一个地道的坟墓。

第二个默默地干着，心想：“我拿了人家的工钱，就理应好好地干。”于是认真地干，砌墙的时候，也把自己的责任心小心翼翼地砌了进去，那间房盖得挺结实。

第三个的心情则极像一首明亮的诗，他一边挥汗如雨地砌着墙，一边想：“等这里住上了人，房前种了花草，屋后垂着绿荫，那该多美!”于是越干越有劲，那间房不仅盖得结实无比，而且盖得美不胜收——他把自己金灿灿的幸福感全砌进去了。

至于结果——才过了三年，第一间房就被列为“危房”，拆了。第二间房挺结实，住在里头的人也挺安全。再看第三间房，屋后结满了金灿灿的果实，屋里不时传出孩子们的笑声，高墙上还爬满了美丽的花枝，远远地看吧，就像一个笼罩在花丛中的美丽的童话。

再打听，才知道，第一个人未老先衰，早就什么也干不动了；第二个则身子骨硬朗，仍然干着老本行，第三个呢？因为深刻理解创造的意义，早已成为名扬天下的建筑大师了！

我们的生活其实与盖房子没有多大区别，我们在为别人工作，同时也是为自己工作。认真对待自己的工作，在工作中不断创新，对别人有益的同时也让自己的生活走向完美。

毛虫的愿望

有一只毛虫，因为觉得自身长得既丑陋，行动又不灵活，而对上帝抱怨道："上帝呀，你创造的万物固然非常神妙，但我觉得你安排我的一生却不高明，你把我的一生分成了两个阶段，不是又丑陋又迟笨，就是又美丽又轻盈，使我在前一阶段受尽人们辱骂，后一阶段却获得诗人的歌颂，这未免太不协调了。你何不平均一下，让我现在虽然丑一点，却能行动轻巧，以后当漂亮蝴蝶时，行动迟缓一点，这样我做毛虫和蝴蝶的两个阶段不就都能很愉快了吗？"

"你大概以为自己的构想不错，"上帝说，"可是如果那样做，你根本活不了多久。"

"为什么呢？"毛虫摇着小脑袋问。

"因为如果你有蝴蝶的美貌，却只有毛虫的速度，一下子就会被捉住了，"上帝说，"你要知道，正因你的行动迟缓，我才赐给你丑陋的外貌，使人类都不敢去碰你，这样对你只有好处啊！现在，你还要采取你的构思吗？"

"不，请维持你原来的安排吧，"毛虫这才慌张说，"到现在我才知道，不论美与丑，轻盈与迟缓，只要是你创造的，一定都是完美的。"

毛虫行动迟缓而又相貌丑陋，蝴蝶美丽但很轻灵，这些都是造物主的有意安排，或者说是千万年自然法规选择的结果。不要埋怨我们身上的不足或缺陷，某种意义上来说这也是你的优点和特性，学会利用你的缺陷，反而会取得意想不到的效果。

石上题辞

在里加海滨有一个小小的渔村，在这个村子里，拉脱维亚的渔民住了几百年，一代一代的接连不断。

还像几百年前一样，渔民们出海打渔；还像几百年前一样，不是所有的人都能平安返回。特别是当那波罗的海风暴怒吼、波涛翻滚的秋天。

但不管情况如何，不管有多少次人们听到自己伙伴的死讯，而不得不从头上摘下帽子，他们仍然在继续着自己的事业——父兄遗留下来的危险而繁重的事业。向海洋屈服是不行的。

在渔村边，迎海矗立着一块巨大的花岗岩。还是在很早以前，渔民们在石上镌刻了这样一段题辞："纪念在海上已死和将死的人们。"

这是一条很勇敢的题辞。它表明，人们永远也不会屈服，不论在什么情况下都要继续自己的事业。其实它的含义是："纪念曾经征服和将要征服海洋的人们。"

心灵对话录

一

一富者对一贫者说："如果让你选择金钱与妻子的话，你选择哪种？"

贫者说："我选择妻子，因为有了妻子，我们便可以同心合力创造金钱。”

“如果让你选择呢？你选择哪种？”贫者接着反问。

“我当然选择金钱，因为有了金钱，便会有妻子，便会有更多的女人。”富者如是说。

二

乐观者和悲观者坐在一起。乐观者向悲观者炫耀道：“飞机是我们乐观者发明的！”

悲观者问：“如果飞机出了事怎么办？”

“那只好跳伞了。”

悲观者回敬道：“你要知道降落伞可是我们悲观者发明的！”

三

上帝来到人间，看到人间繁华的商店、人民富裕的生活，不禁产生了居留之意，便与一凡者提出交换，期限为一年。

一年后，上帝与凡者会面，他们都谈了彼此的感受。

凡者说：“上面没有人的七情六欲，没有人间的爱情亲情，对于一个凡人来说，这未免太苛苦了……”

上帝不等凡者说完，便感慨道：“尘世中人们居心叵测，勾心斗角。如此是非之地，又岂是我无欲者呆的地方。”

四

有人问一长者“世上是好人多，还是坏人多？”

长者回答道：“世上既没有一个绝对的好人，也没有一个绝对的坏人。”

“那为什么呢？”那人追问。

长者解释道：“再好的人在坏人眼里也可能是坏人；再坏的人在他同类的眼里也可能是好人。评论一个人是见仁见智的。所以，世上没有一个绝对的好人，也没有一个绝对的坏人。”

每个人都有自己的活法，正因如此，世界才丰富多彩。我们不能以自己的标准去衡量、指责别人的生活法则，应该说生活方式没有好坏、对错之分，只要你自己觉得这种生活适合你就行了。尊重自己的个性，尊重自己的生活，继续走自己的路吧。

黄金

为了显示快乐与痛苦的关系，在一个旅行者要远行的时候，智者把他领到一座金库门前，对他说：

“你可以随便拿取，但是有一个条件，你必须在路上永远带着它们，陪伴你的全部旅程，不能丢弃。”

于是旅行者拿取了3块黄金；他很遗憾，由于行囊太多，他只能拿取3块。

可是就在旅行者行程的第二天早晨，一梦醒来，黄金全部变成了石头。这些石头对他来说毫无用处。

旅行者在不得不背负石块前行的痛苦中，也暗自庆幸：啊，我毕竟只拿了3块。

有的时候，财富也会成为负担，财富越多，负担也就越沉。不要被金钱迷惑了双眼，沉溺于钱财就像是背负石头前行，会让你的人生之旅变得异常沉重。如能清心寡欲，对钱财的要求适可而止，我们在前行时便能保持轻快的步伐，好好欣赏人生的风光。

承受极限

一位年轻人毕业后被分配到一个海上油田钻井队，工作的第一天，领班要求他在限定的时间内登上几十米高的钻井架，把一个包装好的漂亮盒子送到最顶层的主管手里。他拿着盒子一溜小跑，快步登上那高高的狭窄的舷梯。他气喘吁吁地登上顶层，把盒子交给主管，主管只在上面签下自己的名字，就让他送回去。他又快跑下舷梯，把盒子交给领班，领班也同样签下自己的名字，让他再送给主管。

他看了看领班，转身登上舷梯，当他第二次登上顶层把盒子交给主管时，浑身是汗两腿发颤，主管却和上次一样，在盒子上签下名字，让他把盒子再送回去。他擦擦脸上的汗水，转身走向舷梯，把盒子送下来，领班签完字，让他再送上去。

这时他有些愤怒了，他看看领班平静的脸，尽力忍着不发作，拿起盒子艰难地往上爬。当他上到最顶层时，浑身上下都湿透了，他第三次把盒子递给主管，主管看着他，傲慢地说：把盒子打开。他打开盒子，里面是一罐咖啡，一罐咖啡伴侣。他愤怒地抬起头，双眼喷着怒火，射向主管。

主管又对他说："把咖啡冲上。"年轻人再也忍不住了，啪地一下把盒子扔在地上："我不干了!"说完，他感到心里痛快了许多，刚才的愤怒全都释放了出来。

这时，那位傲慢的主管站起身来，直视着他说："刚才让你做的这些，叫做承受极限训练，因为我们在海上作业，随时会遇到危险，这就要求队员身上一定要有极强的承受力，才能完成海上作业任务。可惜，前面三次你都通过了，只差最后一点点，你没有喝到你冲的甜咖啡。现在，你可以走了。"

不经历风雨，怎么见彩虹？也只有在历经挫折与坎坷之后尝到的成功的滋味才异常香甜。能吃苦是非常重要的，而懂得发现胜利的果实就更加重要了，因为这才是质的突破的关键一步。坚持走完全程，这才是最后的胜利。

第五章
让智慧开始觉醒

智慧之源

智通禅师晚年又收了两名弟子。大弟子聪明机灵能说会道，小弟子虽然沉默寡言智慧一般，但却勤奋踏实。

禅师闲时喜欢和人参禅论道。他把能说会道的大弟子留在身边，一边教他些佛理，一边和他探讨些问题；而那位小弟子则被派去干其他的杂事。

几年后，智通禅师很老了。他决定在众弟子中选出一位继承人。出人意料的是，智通禅师选中了那位沉默寡言的小弟子。

大弟子很不服气，问："师傅，我从您身上学得不少佛理和智慧，您为什么偏偏选中小师弟呢？"

禅师叹道："你虽聪明，但生性虚浮，难以成就大业。真正的智慧是学不来的，它只能在实践中获取。"几日后，禅师圆寂了。小弟子正式继承了衣钵，后来，他也成了那一带有名的禅师。

有时，天才并不能造就成功。主宰和推动世界前进的，恰恰是那些天资一般却勤奋好学的人。一个人天性聪明固然好，如不去磨炼锻造，他的智慧之泉终将枯竭；而那些勇于实践的勤奋者就像个掘井工，他们不骄不躁，一点一点向智慧之源掘进，直到智慧之泉喷涌而出。

释迦牟尼面对诽谤

有一段时期，释加牟尼经常遭到一个人的嫉妒和谩骂。对此，他心平气和，沉默不语。

又有一次，当这个人骂累了以后，释迦牟尼微笑着问："我的朋友，当一个人送东西给别人，别人不接受，那么，这个东西是属于谁的呢?”这个人不假思索地回答:“当然属于送东西的人自己。”释迦牟尼说:“那就是了。到今天为止，你一直在骂我。如果我不接受你的谩骂，那么谩骂又属于谁呢?”这个人为之一怔，便哑口无言了。从此，他再也不敢谩骂释迦牟尼了。

有时候，对待的恶意的诽谤和指责，不理睬就是最有效的还击。不理睬是对诽谤的一种蔑视，也是人性高度的一种体现。

鹤和小狐狸

有只鹤和一只小狐狸交上了朋友。有一天，正当它们在一起散步时，被猎人发现了。猎人马上追过来。鹤问小狐狸:“猎人追上来了，我们该朝哪里跑?”“我有十二种智慧，我会有办法逃跑的。咱们一起到我的洞里去吧!”鹤同意了，它同狐狸一起进了洞。但猎人们早循着它们的足迹来了。他们开始挖狐狸洞。此时，狐狸也不知如何办才好，它问鹤:“你有多少智慧?”

“只有一种。”鹤答道。它反问狐狸:“你现在有多少种智慧?”狐狸答道:“现在只剩下六种了。”猎人们已把洞挖开一半，可狐狸还没有想出逃命的办法。它问鹤:“你难道还没有想出什么办法来?”鹤答道:“我仍然只有唯一的一种智慧。”狐狸说:“可我只剩下三种智慧了。”

猎人们一直朝里挖着。快要挖到他们跟前时，小狐狸已经吓昏了。它又问鹤:“啊，朋友!你还没有想出什么办法吗?”鹤说:“我永远只有一种唯一的智慧。”鹤一说完，便躺到地上装死。猎人们挖开狐狸洞，他们看见了躺在地上装死的鹤说:“瞧，狐狸还抓了一只鹤。先把鹤掷到上边去。”他们把鹤朝外面一掷。这只仅仅有一种智慧的鹤立即展开翅膀，“呼”地一声飞走了；而那只有十二种智慧的狐狸，却被猎人们抓住，杀死剥了皮。

办法不在于多少，而在于是否适用，真正的智慧必须是可以解决实际问题的。会屠龙之术，理论一大把，爱高谈阔论，这样的人很多，不要以为他们很有智慧，因为智慧不是用来说，而是用来做的。

错而不误

乘出租车去火车站。

路上堵得厉害，幸好时间宽裕，出租车上闪动的电子时钟告诉我：不用急，还来得及。

从从容容付款时司机随口问我乘的是哪次车。听完我的回答后他惊呼：“哎呀！那你要赶紧，我这钟慢十来分钟的。”

结果是，我误了车——晚1分钟。

以后我便不再轻信出租车上的钟。有一次我看见一位司机将同样是误差十几分的时钟调整了一下。让人奇怪的是，他不是把它调准，而是把它调得更错，使它误差达几个小时。他说：这个老是要走慢的钟，索性让它误差大一点，人家知道它不准，也就不会误事了。

有错即纠当然最好，但在一时半会儿无法纠正的情况下，至少明确地告诉别人此处有错，才能错而不误人。

事实上，与正确最相近的错，最易误人。

倒过来想

据说，下面这道题是俄国大作家列夫·托尔斯泰设计的。

从前，有个农夫，死后留下了一些牛。他在遗书中写道：妻子：分给全部牛的半数再加半头。长子：分给剩下的牛的半数再加半头，他所得的牛是妻子得牛头数的一半。次子：分给还剩下的牛的半数再加半头，他所得的牛是长子得牛头数的一半。长女：分给最后剩下的牛的半数再加半头，她所得的牛是次子得牛头数的一半。结果一头牛也没有杀，正好全部分完。问：农夫死时留下了多少头牛？请暂停阅读，想一想：解这道题该怎么思考？怎么计算？是先假设一些情况然后逐一验证好呢，还是设农夫死时留下的牛为X列方程式来解好呢？此外，解这道题还没有更简易的新的思考方法和计算方法？

思考和解答这道题，如果先假设一些情况（例如假设共有20头牛，共有30头牛……），然后再对它们逐一验证和排除，自然是可以的。但这样不免有些繁琐，要费很多的时间和精力，是一个较笨的办法。比较起来，用解方程式的办法更好一些，但也相当复杂。

解这道题最好是倒过来想，倒过来算：

长女既然得的是最后剩下的牛的“半数”加“半头”，结果一头牛都没杀，也没有剩下，那么，她必然得的是：1头。

次子：长女得的牛是次子的一半，那么，次子得的牛就是长女的二倍：2头。

长子：次子得的牛是长子的一半，那么，长子得的牛就是次子的二倍：4头。

妻子：长子得的牛是妻子的一半，那么，妻子得的牛就是长子的二倍：8头。

把4个人得的牛的头数相加：1+2+4+8=15，可见，农夫留下的牛是15头。

解这道题这样倒过来想，倒过来算，岂不是比采用其他方法显然要容易得多，也快得多吗？

思维的方向应该是多角度的，当考虑问题进入死胡同时，我们不防试试倒过来想，或许会有“柳暗花明”的奇迹出现。我们看待问题也如此，倒过来想一想，很多坏事其实也是可以坦然接受的。

生死攸关的烛光

这是发生在第二次世界大战期间的一个真实感人的故事。

在法国第厄普市有一位家庭妇女，人称伯爵夫人。她的丈夫在马奇诺防线被德军攻陷后，当了德国人的俘虏，她的身边只留下两个幼小的儿女——12岁的雅克和10岁的杰奎琳。为把德国强盗赶出自己的祖国，母子三人都参加了当时的秘密情报工作，投身到为解放祖国的光荣斗争行列。

每周星期四的晚上，一位法国农民装扮的人便送来一个小巧的金属管，内装着特工人员搜集到的绝密情报。伯爵夫人的任务就是保证把它安全藏好，直至盟军派人来取走。为了把情报藏好，伯爵夫人想了许多办法，她先是把金属管藏在一把椅子的横档中，以后又把它放在盛着剩汤的铁锅内。尽管他们安全地躲过了好几次德军的突然搜查，但伯爵夫人始终感到放心不下。最后，她终于想到了一个绝妙的办法——把装着情报的金属管藏在半截蜡烛中，外面小心地用蜡封好，然后把蜡烛插在一个金属烛台上。由于蜡烛摆在显眼的桌子上，反而骗过了几次严密的搜查。

一天晚上，屋里闯进了三个德国军官，其中一个是本地区情报部的官员。他们坐下后，一个少校军官从口袋中掏出一张揉皱的纸就着黯淡的灯光吃力地阅读起来。这时，那位情报部的中尉顺手拿过藏有情报的蜡烛点燃，放到长官面前。情况是危急的，伯爵夫人知道，万一蜡烛烧到铁管之后，就会自动熄灭，同时也意味着他们一家三口的生命将告结束。她看着两个脸色苍白的儿女，急忙从厨房中取出一盏油灯放在桌上。“瞧，先生们，这盏灯亮些。”说着轻轻把蜡烛吹熄。一场危机似乎过去了。但是，轻松没有持续多久，那位中尉又把冒着青烟的烛芯重新点燃，“晚上这么黑，多点支小蜡烛也好嘛。”他说。烛光摇曳着，发出微弱的光。此时此刻，它仿佛成为这房里最可怕的东西。伯爵夫人的心提到了嗓子眼上，她似乎感到德军那几双恶狼般的眼睛都盯在越来越短的蜡烛上。一旦这个情报中转站暴露，后果是不堪设想的。

这时候，小儿子雅克慢慢地站起，“天真冷，我到柴房去搬些柴来生个火吧。”说着伸手端起烛台朝门口走去，房子顿时暗下来。中尉快步赶上前，厉声喝道：“你不用灯就不行吗？”一手把烛台夺回。

孩子是懂事的，他知道，厄运即将到来了，但在斗争的最后阶段，自己必须在场。他从容地搬回一捆木柴，生了火，默默地坐等最后的时刻。时间一分一秒地过去。突然，小女儿杰奎琳娇声地对德国人说道：“司令官先生，天晚了，楼上黑，我可以拿一盏灯上楼睡觉吗？”少校瞧了瞧这个可爱的小姑娘，一把拉她到身边，用亲切的声音说：“当然可以。我家也有一个你这样年纪的小女儿。来，我给你讲讲我的路易沙好吗？”杰奎琳仰起小脸，高兴地说：“那太好了。不过，司令官先生，今晚我的头很痛，我想睡觉了，下次您再给我讲好吗？”“当然可以，小姑娘。”杰奎琳镇定地把烛台端起来，向几位军官道过晚安，上楼去了。正当她踏上最后一级阶梯时，蜡烛熄灭了。

智慧需要有正义和勇敢作为支持，这样的智慧更能发射出耀眼的光芒。镇定自若地去面对生活中的挑战，我们的智慧就能在斗争中得以发扬和积累。

分段实现大目标

1984年，在东京国际马拉松邀请赛中，名不见经传的日本选手山田本一出人意外地夺得了世界冠军。当记者问他凭什么取得如此惊人的成绩时，他说："凭智慧战胜对手。"两年后，他又在米兰获得了意大利国际马拉松邀请赛冠军。当记者又请他谈经验时，他说了同样的话。人们对他的所谓智慧迷惑不解。

他在自传中是这么说的："每次比赛之前，我都要乘车把比赛的线路仔细地看一遍，并把沿途比较醒目的标志画下来，比如第一个标志是银行；第二个标志是一棵大树；第三个标志是一座红房子……这样一直画到赛程的终点。比赛开始后，我就以百米的速度奋力地向第一个目标冲去，等到达第一个目标后，我又以同样的速度向第二个目标冲去。40多公里的赛程，就被我分解成这么几个小目标轻松地跑完了。"

在现实中，人们做事之所以会半途而废，往往不是因为觉得此事难度较大，而是觉得成功离自己较远。确切地说，我们不是因为失败而放弃，而是因为倦怠而失败。将大目标进行分解，分段完成，在不知不觉中我们就已接近终点，我们不能像蜗牛一样漫无目的的爬行。

月光是照在脸上还是后脑勺上？

林肯在当美国总统之前，是一位有名的律师。

他青年时代有一位朋友，名叫汉纳·阿姆斯特朗。汉纳不幸早死，留下妻子和儿子威廉，生活很苦。有一天，林肯忽然在报上看到一条消息说，威廉被控告犯谋财害命罪。林肯知道这孩子很善良，不会杀人，于是毛遂自荐免费打这场官司。

他仔细查阅了全部案卷，勘察了现场，掌握了全部证据。原告方面的一位证人——查尔斯·艾伦在陪审团面前发誓说：他曾亲眼看见威廉和一个名叫梅茨克的人斗殴，时间是8月29日夜里11点钟，正值明月当空。月光下，他看见威廉用流星锤击中梅茨克，随后把流星锤扔掉。

审判中，林肯针对上述关键性证词当庭对艾伦发问——

林肯：你发誓说你认清了小阿姆斯特朗（即威廉）？

艾伦：是的。

林肯：你在草堆后面，小阿姆斯特朗在大树后面，相距二、三十米，你能看得清楚吗？

艾伦：看得很清楚。因为月光很亮，完全可以在二、三十米内认清目标。

林肯：你肯定不是从衣着上认清他的吗？

艾伦：完全不是从衣着方面。我肯定是看清了他的脸蛋，因为月光正照在他的脸上。

林肯：具体的时间你也可以肯定吗？

艾伦：完全可以肯定。因为我回到屋里时，看了看时钟，那时是11点15分。

林肯：你担保你说的完全是事实吗？

艾伦：我可以发誓，我说的完全是事实。

林肯：谢谢你，我没有其他问题了。

然后，林肯派人取来一本历书。这本深受美国广大群众所喜爱的历书表明，1857年8月29日午夜前3分钟，即夜间11点57分，月亮早已经看不见了。林肯于是痛揭艾伦的谎言：

“全体女士们和先生们，亲爱的陪审官先生们，我不能不告诉你们，这个证人艾伦是一个彻头彻尾的骗子！”

林肯接着说：

“他一口咬定8月29日深夜11点15分，他在月光下认清了被告人的脸。请大家想一想，8 月 29 日那天是上弦月，11 点时月亮已经下山了，哪里还会有月光？退一步说，也许他时间记得不十分精确。假定说时间稍有提前，月亮还没有下山，但那时月亮在西，月光是从西往东照射的，月光可以照射到他的脸上，那样，证人就根本不可能看清被告人的脸；如果被告人脸朝草堆，那么，月光只能照在被告人的后脑勺上，证人又怎么能看到月光照在被告人的脸上呢？又怎么可能从二、三十米外的草堆处看清被告人的脸呢？”

在场的人们沉默了片刻，接着，掌着、欢呼声一齐迸发出来。

揭穿谎言的有效途径就是证明他的话无法自圆其说，这不仅需要严谨的思维，还需要以科学的事实作为依据。林肯做到了，他赢得了官司的胜利，也让人们看到了他的智慧。

花的效应

有一对夫妇开车经过乡下的一家餐厅。停下来用餐时，太太想去一下洗手间。她一进洗手间，便看见一盆盛开的鲜花摆在一张老旧但却非常雅致的木头桌子上。洗手间里收拾得很整齐，可以说是一尘不染。这位太太使用过有关器皿之后，也主动把洗手台擦拭得干干净净。太太上车前对餐厅老板说，那些鲜花可真漂亮。

“谢谢，”老板得意地说，“您知道吗，我在那里摆鲜花已经有十多年了。您绝对想不到那小小的一盆花替我省了多少清洁工作。”

默契——用一点巧心，就能使我们所处的环境更美好，毕竟干净的环境人人都不想破坏；但如果一个地方脏乱，那它只会变得更加脏乱。让我们永葆一颗干净的心灵，以至沾染一点污秽都能立即察觉，同时也让我们和那些心灵高尚的人彼此影响。

弃老山

日本古代某山村有个风俗，人活到六十岁，就要扔下山涧。说是人上了年纪，什么也干不了，只有把他们扔进山涧里去。

在一个村里，有个百姓，他的父亲正好满六十岁。按王爷的规定，要把父亲扔进山涧。于是儿子背上父亲慢慢地向山里走去。

驮在儿子背上的父亲，一路上特意折掉路旁的树枝，留作标记。儿子见了就说：

“爸爸！爸爸！您这样做，难道还想回家去吗？”

“不！我是为了使你不忘记回去的路，才做标记的。”

儿子听了，动了怜悯之心，又把父亲背回了家，放在套廊下供养。这件事还得背着王爷，因为这个王爷是个非常蛮横的家伙。

一天，王爷召集起全村的百姓，叫他们用灰搓出草绳来。众百姓知道这根本办不到，都很忧愁。

那个背父亲回家的百姓，来到廊下问父亲：

“今天王爷吩咐我们用灰搓出草绳来，这怎么办好？”

父亲教给他，说：

“这不难，你先把草绳搓结实点，然后经心地把草绳烧成灰拿去就行了。”

儿子大喜，立刻按父亲教的办法烧出了草绳。而其他人谁也没做成。儿子受到了王爷的赞赏。

这件事刚刚过去，王爷又命令：

“这回你们把海螺贝用丝线穿起来！”

那个百姓又回家问父亲，父亲教给他说：

“你把海螺贝的尾部朝有光亮的地方放好，再在丝线的头上放上饭粒，引蚂蚁来吃，让蚂蚁从贝口的方向爬进去，这样丝线就能穿过海螺贝了。”

儿子照这个办法穿好了海螺贝，拿去见王爷。王爷大为感叹，就问他：

“这样难做的事，你怎么做成的？”

儿子如实地回答说：

“老实说，我不忍心把父亲扔到山涧里去，看他太可怜，就又背回家，藏在廊下供养。王爷吩咐下的这些难做的事，都是我问过父亲后，父亲教给我做的。”

王爷十分感动，才明白老年人知道的事情很多，应该好好供养他们。于是改变了到六十岁就把老人扔进山涧的做法。

人类的智慧是不断积累和传递的，老年人经常承担传递者的角色。老年人的经验是一笔宝贵的财富，应该让他们有发挥作用的机会。多向老年人学习，让人类的智慧宝库更加充实。

乡下人和城里人一起朝圣

一个乡下人和两个城里人一起到麦加去朝圣。他们非常虔诚地一起朝麦加走去。半路上，他们带的东西都吃光了，剩下的一点点面粉，只够烘烤一只不太大的面包啦。两个城里人偷偷地商量道：“我们的面粉只够做一只小面包的；而这个乡下人又特别能吃。得想个办法，以便咱们两人分掉这只面包。”

眼看面团捏好了，面包也做成了，现在，面包已送进炉子烘啦。两位城里人又把头凑在一起，窃窃私语，商量怎样才能将乡下人的那一份弄过来。商量好后，他们对乡下人说：

“伙计，这只面包太小了，不够我们三个人一块吃的。现在我们是不是都去睡觉，谁要是做了一个最最奇特的美梦，这只面包就归他一个人吃。”

乡下人同意了。他们便都躺下睡觉。

过了一会儿，两个城里人以为乡下人早已睡熟了。其中一个便说：

“明天早上我想这样说：我梦见两位天使带我走进天门，来到上帝的宝座前面……”

另一位接着说：“我想这样说：有两位天使领我穿过一个很深的地缝，一直来到地狱里……这看这个乡下人肯定想不出什么奇特的梦的。”

说完，他们俩便放心地睡着了。

其实，乡下人并没有睡觉。两个城里人说的话全被他听到了。他偷偷地爬起来，悄悄地摸到烘面包的炉子边上，把面包从炉子里拿了出来。面包还没全部烤熟，乡下人就把它统统吃掉了。然后，他仍躺回原处继续睡了。

次日一早，两位城里人先醒了，他们叫醒了乡下人。这个乡下人故意装着睡意朦胧的样子，嘴里还嘟嘟囔囔地说：“谁在叫我？”两个城里人忙说：“是我们，你的两位伙伴呀！”这时，乡下人猛地站起来，吃惊地问道：

“喔，好朋友，你们又回来啦？”

“什么？”两位城里人一惊，“我们根本就没离开过，你怎么说我们又回来了？”

“哟！我好像看到有两个天使将你们中一位带到天上的上帝宝座前去了；而另外两个天使又领了你们另一位穿过很深的地缝到地狱里去了。至今为止，我还从来没听说过，有谁会重新从天堂或地狱里返回人间的。所以，我便起床，并将面包统统吃掉了。”

那些我们所轻视的人却往往有智慧之举，而轻视别人让我们付出了代价。重视周围的每一个人，把每一个人都当成了不起的对手和老师，从他们身上学取他们的长处，我们才能不断进步。

恩惠洗去怨恨

阿拉伯名作家阿里，有一次和吉伯、马沙两位朋友一起旅行。3人行经一处山谷时，马沙失足滑落，幸而吉伯拼命拉他，才将他救起。马沙于是在附近的大石头上刻下了：“某年某月某日，吉伯救了马沙一命。”3人继续走了几天，来到一处河边，吉伯跟马沙为了一件小事吵起来，吉伯一气之下打了马沙一耳光。马沙跑到沙滩上写下：“某年某月某日，吉伯打了马沙一耳光。”

当他们旅游回来之后，阿里好奇地问马沙为什么要把吉伯救他的事刻在石上，将吉伯打他的事写在沙上？马沙回答：“我永远都感激吉伯救我，至于他打我的事，我会随着沙滩上字迹的消失，而忘得一干二净。”

感恩之心会让我们感受到温暖，怨恨却会腐蚀我们的心灵。记住别人对我们的恩惠，忘却我们对别人的怨恨，在人生的旅程中才能自由翱翔。

受骗的骗子

从前，一位商人，他要于安息日前夕到外地去。他在一座房子附近挖了一个地洞，将自己的钱藏在里面。那座房子里面住着一位老人。这位老人一向被认为是品行高尚、忠诚老实的人。他正好看到这位陌生人挖洞藏钱，随后便过去将钱统统偷走了。

几天后，那位商人办完事回来取他的钱时，发现钱已不翼而飞了，他急得不知如何是好。他偶然地走进那位老人的房子，对他说：“请原谅，先生！我有件事想请教你。劳驾，你能告诉我该怎么办么？”老人答道：“请说吧！”商人说：“先生，我是到这里来采购的。我带来了两个钱袋：一个钱袋里装着六百块金币，另一个钱袋里是一千里亚尔。在这座城里，我举目无亲，找不到一个可以信任的人代我保管这笔钱财。因此，我只好到一个隐蔽的地方，将那装着六百块金币的钱袋埋在那里。现在我不知道，我该不该将另一个装有一千里亚尔的钱袋仍然藏到那个地方去，还是另找一个地方藏起来；或者还是找一个诚实的人代为保管好。”老人答道：“如果你想听听我的意见，那最好别将钱交给人家保管；你还是仍然将钱藏到你第一个钱包所藏的地方去吧！”商人道谢说：“我一定按照你的话去做。”

商人走后，这个老骗子私下想：“要是这个人将第二个钱袋送到老地方去埋藏时，发现原来的那只钱袋不见了，那他就不会再将第二个钱袋再藏在那里啦。我必须尽快将第一只钱袋放回原处。这傻瓜准会将第二只钱袋再藏在那里，那我就可以将两只钱袋都弄到手了。”

于是，他赶紧将偷来的钱袋放回原处，此时，那位商人也在这样考虑：“要是这个老头偷了钱袋，那他为了弄到第二只钱袋，现在也许已把它送回原地去了。”商人来到原先埋藏钱的地方，真的又看到那只钱袋子。他高兴地喊道：“我的好人，您将丢失的东西又送回原主了！”

贪婪，让骗子把到手的钱又送了回去，结果他不是得到更多的钱，而是得到了嘲弄。用智慧来对付骗子，不仅可以保护自己，也可以惩治骗子。

楼顶上的疯子

市区这一角的每个人都感染了这股异样的兴奋——有个疯子在楼顶上。

好奇的人群聚拢来，消防队、警察们都到了。疯子的母亲，悲鸣哭着请他下来。

消防队员汗流浃背地张起救生网。疯子宣布："任命我当警长，不然我就要跳了。"

人群中有人提议："就让他当警长吧，看他下不下来！"另一个人反对说："那怎么成？疯子怎么能当警长呢？"第一人说："我们不是当真的呀。"

一个老人，边听他们的争辩，边喃喃地说："没用的，他不会下来的。"

不管怎样，有人对上面叫了："我们任命你当警长啦，下来吧"，谁知上面应道："除非让我当市议员，不然我还是不下去。"

老人说："是吧，我说的没错吧？"

可是，群众还是任命疯子当了市议员，疯子更高兴起来，又提出新的要挟，请求当市长，人们又同意了，于是，疯子连续地当了市长、内阁大臣、总理、国王……每当群众给疯子新的任命，老人就摇头叹息说："行不通，行不通的，你们越给他高的职，他越不会下来了。"

人们开始觉得老人的话有点道理，因此，当疯子宣称"你们不叫我当世界皇帝，我就要跳啦！"时，有人问老人说："他真会跳吗？"

老人点点头，群众连忙向上喊："你就是世界皇帝，请下来吧！"

疯子很快嘲笑说："高贵如我般的皇帝，下去和你们这些傻瓜一起干什么？我既然是皇帝，我爱下去时才下去。"

消防队长问老人："到底有没有法子叫他下来啊？"

老人说："有的。"

每个人都觉得好奇，想知道老人怎么办，这时候疯子正在七楼，老人大声说："皇帝陛下，您愿意爬'上'六楼吗？"

疯子很认真地回答："好的。"然后爬"上"了六楼。

老人又喊："陛下愿意再爬'上'五楼去吗？"

疯子又说："好的。"于是，一层一层地，疯子终于爬"上"了地面。

许多事情，只是换了一个说法，结果却完全不一样。怎样根据不同的情形来做不同的表达，是需要对当时的情况以及人的心理有个准确把握。

福尔摩斯和华生

著名侦探福尔摩斯和老朋友华生一同在大街上散步。

"华生，"福尔摩斯说，"跟在我们后面走的，是一个穿着最时髦的美丽少女。"

华生马上转头向后望，失声说道："是呀！怎么你不曾回头看，就知道后面跟着的是美女呢？""这很简单，"福尔摩斯说，"我们只消看迎面而来的那些男士们脸上的表情就知道了。"

智慧不仅来源来敏锐的思维，还来源于敏锐的观察。世上所有的事物都互为因果，只是有时我们难以发现它们之间的联系，因而学会观察就显得很重要了。多留意身边的事物，多进行思考，你也可以拥有一双慧眼。

换个方式思维

一个坐落在山坳里的村庄，老是遭受火灾，虽然采取了多种措施，仍然改观不大。一天，一位智者来到村庄，众人向他讨教普渡众生的办法。他说，你们何不搬个地方去住？何苦一定要在原地“与天奋斗”？听了他的话，村庄乔迁了，付出同样的劳动，却过上了完全不同的日子。

一则寓言说，谁能解开奇异的“高尔丁死结”，谁就注定成为亚洲王。所有试图解开这个复杂怪结的人都失败了。后来轮到亚历山大，他想尽办法要找到这个结的线头，结果还是一筹莫展。后来他说：“我不能跟在别人后面亦步亦趋，我要建立自己的解结规则。”于是，他拔出利剑，将结劈为两半，他找到了解结的新路子，因此成了亚洲王。

一条路走不顺畅，可以硬着头皮走下去，也可以放弃原路，另辟新径。换一种方式思维，往往能使人豁然开朗，步入新境。这种“思维移项”能使人从“山穷水尽”中得到“峰回路转”、“柳暗花明”。

好话胜似良药

过去，有一个富翁住在仰光。他的脾气很坏，有一次他生了病，却不愿求医看病。

后来，他的朋友请来一位大夫给他看病。

“哼，我才不吃他的药呢，”富翁说道，“大夫说话声太大啦。”

他的朋友又请了另外一个大夫给他看病。这个大夫说话温文尔雅，可是富翁却说："不，我不要他看，他太寒酸了。"

他朋友又请了第三个大夫为他治病。这个大夫衣冠整楚，谈吐文雅。

"把酬金拿去，"富翁不满地说，"我不打算听你的忠告。你看病太马虎啦。"

富翁体温显著升高，病情恶化，就此卧床不起。他的朋友急得团团转，不知该如何是好。

一天，一个从曼德勒来的大夫到仰光度假。富翁的好友得知，一起前来拜访他。

"请你救救我们的朋友，行吗？"他们恳切地说，"他的病很重，他的脾气很暴躁，又讳疾忌医。不过，也许由于你举止文雅，态度和蔼可亲，他会听从你的劝告的。"

年青的大夫穿上最好的衣服，来看富翁。

"亲爱的大伯，"他彬彬有礼地说，"您今天感觉好些了吗？我相信您很快会痊愈的。"

大夫吩咐仆人拿些冰块，将它敷在病人的额头上。富翁顿时感觉到舒服多了。

"你是否愿意让我开点药给您吃？"大夫问。

富翁默默地点头。

年青的大夫在药中掺了一点蜜水。富翁报以微笑，慢慢地把药吞服下去了。

"呵，很甜。"他喝完药深深地吐了一口气，不一会儿，便安静地进入梦乡了。

富翁醒来后，感觉好多了，烧也退了。

其他的大夫问年青的大夫，他是怎样给这怪老头治好病的。

年青的大夫笑着说："好话有时比药更有用处。"

语言是人们交往的一项重要工具，善于运用语言会给我们带来很多便利。一般人都乐于接受好听的话，只要它不是别有用心的。好话胜似良药，让人更能接纳意见。它好比给苦口的药物包上糖衣，会说话其实也是一种能力。

聪明的盲人

有一个盲人，晚上走路时，总是一手拿着蜡烛，一手拿着拐棍。

迎面走来一个人，好奇地问：

“哎，拐棍为的是探路，蜡烛起什么作用？你没听说过瞎子点灯白费蜡吗？”

盲人回答道：

“蜡烛不是给我用的，是给你这样的冒失鬼用的。我要是手里没有蜡烛，还不让你给撞倒了！”

盲人用蜡烛照亮自己，从而避免了被人撞倒。这对我们有什么启发呢？如果生活中我们能亮出自己的底牌，让别人知道你的本色，是否一样可以避免一些不必要的碰撞？以真面目示人，也将获得别人的真诚相待。

十万元的创意

一家生产牙膏的公司，它的产品优良，包装精美，连续十年销量快速增长。但从第十一年开始，连续三年销售停滞不前，公司总裁为此专门召开会议，不惜重金悬赏：只要谁能提出足以使销量增加的具体方案，重奖十万元。大家绞尽脑汁，纷纷献计，提出了诸如加强宣传，更新包装，铺设更多的销售网点，甚至造谣攻击同行产品以抬高自己等等建议，场面十分热闹，但这些方案自然不能令总裁满意。这时，一位业务经理站起来，只说了一句话：“将现在的牙膏管的开口扩大一毫米。”

总裁一听，马上签了一张十万元的支票奖给这位经理。

这真是个绝妙的主意。试想：一个人每天挤出的牙膏长度，早已成为固定的习惯，将牙膏管的开口扩大一毫米，就等于每天多用一毫米的牙膏，这样全国每天的牙膏消费量将增加多少啊！这个主意，使该公司第十四年的营业额又开始了大幅增长。

一个小小的改变，往往会取得意想不到的效果。有时候，你只需要将自己的思维方式巧妙地转个弯，就可以看到更加光明的前景。成功并不难，有心寻找机会即可。

傻瓜天才

那天，纽约各大报纸上同时登出一则广告：1 美元出售豪华汽车。许多人都看到了这则广告，看过就放下了，以为是愚人节新闻。所有的人都认为：1 美元卖一辆豪华轿车绝对是不可能的，除非傻瓜才会这么做。只有他例外，他看了那则广告，就按着报纸上的地址找到刊登广告的人，一位中年女士带他去看车，那是一辆很新的豪华型轿车，他看了有些不太相信地问："确实是 1 美元出售吗？""是，1 美元。"

他交给他 1 美元，她就把车钥匙交给他："先生，这车是你的了。"

他接过钥匙，兴奋至极，又实在忍不住，问："女士，我能知道这是为什么吗？"

"我丈夫去世了，他在遗嘱中把这辆车赠给他的情妇，但把转赠权交给我，所以我就以 1 美元出售它。"

原来是这样！回去的路上，朋友看到他开着一辆新车，问多少钱买的。他告诉他：1 美元。朋友后悔万分："我也看见过那则广告，但以为是开玩笑，就没有在意。"

看过广告却没有在意而错过拥有一辆豪华汽车的机会，远不止他一个人吧！许多时候，我们错过了好机会，不是因为太傻，而是因为太聪明。

故事到此并没结束。许多人听过就听过了，或者一笑了之，或者会想：如有下一次，我们会好好把握，但机会只有一次。

然而，他还是没那么认为，而是接着在想：制造一样什么东西，只卖1美元。他把想法一说，别人都笑他傻，1美元能买什么？现在物价这么高，连一支冰淇淋都要几美元，没有什么东西可卖1美元还能赚到钱。可是他并不在意别人怎么说，他连做梦都在想，制造一样东西，只卖1美元。终于，他想出了一个好点子，他在因特网上发布信息说：任何用户想得到娱乐，他将在一年364天中每天都向他发送一则谜语，年费1美元。消息发布之后，来订购谜语的人不计其数，他一下就拥有了25万全年订户。并且每户都给他寄去了1美元的订费。

没有人再说他傻，大家都说他是天才。现在这位傻瓜天才在夏威夷，每天清晨起床后，想出一则谜语，用电子邮件发出，然后就可以去海滩逍遥玩乐了。

傻瓜与天才往往只有一步之遥。正因为人们害怕被认为是傻瓜，从而不敢做出与众不同的事来，他们自然只能作为普通大众，而永远成不了天才。敢于相信奇迹，敢于创造奇迹，这才是天才之路。

以谎制谎

从前有一个皇帝，向全国宣布说："如果有人能说一件十分荒唐的事，使我说出这是谎言，那我就把我的江山分给他一半。"

不久，来了一个官员，对皇帝说："万岁，我有一把长剑，只要向天空一指，天上的星，就会落下来。"皇帝听了说："这不稀奇，我祖父有个烟斗，一头衔在嘴里，一头能和太阳对火。"官员听了，说不出话来就走了。

过了几天，来了一个财主，对皇帝说："万岁，请你原谅，我本来想早一点来，但因昨天下雨，闪电把天撕破了，我急忙叫一个裁缝补好了它，所以来迟了。”皇帝说：“你做得对，但你的裁缝手艺不好，天没补牢，今天早晨又下雨了。”财主只好怏怏地走了。

最后来了个农民，夹着一个斗，皇帝奇怪地问道：“你拿斗来干什么？”农民说：“万岁欠我一斗金豆，我是来拿金豆的。”皇帝吃惊地问：“一斗金豆？我什么时候欠的？你在撒谎！”农民不慌不忙地说：“既是谎话，那就给一半江山吧！”皇帝急忙改口：“不，不，这不是谎话。”农民笑笑道：“不是谎话，那就还一斗金豆吧！”

以谎制谎，让对手处于两难境地，我们就赢得了主动。努力去寻找对手的漏洞，总会有办法进行反击的。利用对手的漏洞，以子之矛攻子之盾，这是一种智慧的体现。

谁最有智慧

在古代雅典城里，有一座德尔斐神庙，供奉着雅典的主神阿波罗。相传那里的神谕非常灵验，当时的雅典人一遇到重大或疑难的问题，便到庙里求谶。有一回，苏格拉底的一个朋友求了一个谶：“神啊，有没有比苏格拉底更有智慧的人？”得到的答复是：“没有。”

苏格拉底听了，感到非常奇怪。他一向认为，世界这么大，人生这么短促，自己知道的东西实在太少了。既然如此，神为什么说他是最有智慧的人呢？可是，神谶是不容怀疑的。为了弄清楚神谶的真意，他访问了雅典城里以智慧著称的人，包括著名的政治家、学者、诗人和工艺大师。结果他发现，所有这些人都只是具备一方面的知识和才能，却一个个都自以为无所不知。他终于明白了，神谶的意思是说：真正的智慧不在于有多少学问、才华和技艺，而在于懂得面对无限的世界说，这一切算不了什么，我们实际上是一无所知的。他懂得这一点，而那些聪明人却不懂，所以神谶说他是最有智慧的人。

智慧和聪明是两回事。自古至今，聪明的人非常多，但伟人却很少。智慧不是一种才能，而是一种人生觉悟，一种开阔的胸怀和眼光。一个人在社会上也许成功，也许失败，如果他是智慧的，那么他就不会把这些看得过于重要，而能够站在人世间一切成败之上，以这种方式成为自己命运的主人。

机智的爱

有一个小孩有严重的口吃，小伙伴们经常笑话他。

幼儿园的一位年轻的老师告诉他们，千万不要嘲笑他，小孩子们都认真地点头答应了。

有一天中午，大家在一起吃午餐，大家你一言我一语地相互闹着。可是，那个小孩却一个人默默地吃着东西，吃过饭了又想和小伙伴们说话，他结结巴巴，总是把话说不清楚，大家都拼命地忍住笑。

老师看到了，走到小孩子们身边。此时，那个患口吃的小孩正在吃力地说："面…面…面…"他实在不能完整地说出"面包"两个字。大家的笑马上就要爆发了。

老师突然笑着对大家说："瞧，小朋友们，看我把面包放到水杯里去了！"

此时，大家哄堂大笑，那个口吃的小孩也哈哈大笑起来。

真为这样的老师感动不已，有人说，推动摇篮的手就是推动世界的手。从另一个意义去诠释这句话，就是：善待孩子的心，就是温暖整个世界的心，这样的呵护和关爱会让我们的心变得更柔软，把这世界看得更美好和光明。

第六章
自己才是那颗最可靠的救星

推开椅子

王洪曾向朋友们说过她的这样一段经历：

“有一位体育老师，教我们溜冰。开始时，我不知道技巧，总是跌倒。所以，他给我一把椅子，让我推着椅子溜。因椅子稳当，可以使我站在冰上如站在平地上一般，不再跌跤。而且，我可以推着它前行，来往自如，我想，椅子真是好！于是，我一直推着椅子溜。

“溜了大约一星期之久，有一天，老师来到冰场一看，我还在那推椅子哪！这回他走上冰来，一言不发，把椅子从我手中搬去。失去了椅子，我不觉惊慌得大叫，脚下不稳，跌了下去。嘴里还嚷着要那椅子。

“老师在旁边，看着我在那里嚷，却无动于衷。我只得自力更生站稳了脚步。这才发现，我在冰上这么久，椅子也帮我学会了许多，但推椅子只是一个过程，要真学会溜冰，非把椅子推开不可——因为没有人是带着椅子溜冰的。”

世界上没有人可以支持你一生。别人可以在必要时扶你一把，但别人还有别人的事，他不能变成你的一部分，来永远支持你。生命中的许多时候，你必须独自面对眼前的世界，因此，你不要忘记，你除了有椅子外，还有两条腿。

你就是你的上帝

看见儿子也学会了抽烟酗酒，牧师黛尔很沉痛地责问儿子：你心中难道没有上帝了吗？儿子痛心地回答：上帝早已丢下我们不管，整个世界都堕落了。黛尔决心去问上帝。听完黛尔的陈诉，上帝笑着说：不要埋怨上帝丢下你们不管，你就是你自己的上帝。当小黛尔听到这句话时，他愣了很久。后来他也成了一名出色的牧师。

不要把希望寄托在上帝身上，因为你就是你自己的上帝，你就是你自己的主宰，命运掌握在自己手里。唤醒我们心中沉睡的巨人，将我们身上蕴藏的能量发挥出来，我们成功的几率也就大大提升了。记住，我们是自己的上帝，只有我们自己可以左右自己的命运。

转化

有位小学校长提到一件他一生都难忘的事。在学校的足球练习比赛中，一位男学生跌倒在地，把手臂跌断了：刚好是他的右臂。在等救护车把他送去医院的时候，他要同学给他笔和纸。同学问他："这种时候，你还要纸笔干吗?"他回答："你们有所不知，既然我的右臂断了，我想，那就应该训练自己用左手写字。"

环境是由你自己来创造的，同一种环境可以成为祝福，也可以成为灾难，关键在于你怎么来对待和利用它。有积极、坚定的生活信念，即使是不好的环境也是可以转化的。

踮起脚尖儿

一个人在经过两山对峙间的木桥时，桥突然断了。奇怪的是，他没有跌下去，而是停在半空中。他的脚下是深渊，是湍急的涧水。他抬起头，一架天梯荡在云端。望上去，天梯遥不可及，倘若落在悬崖边，他绝对会乱抓一气的，哪怕是抓到一根救命小草。可是这种境地，他彻底绝望了，吓瘫了，只会抱头等死。渐渐地，天梯缩回云中，不见了影踪。云中有个声音说，这叫障眼法，其实你踮起脚尖儿就可以够到天梯了，是你自己放弃了求生的愿望，那么你只好下地狱了。

踮起脚尖儿，就是另一种生命，另一种活法，就会有另一番境地。那是一种极强的生活责任心鼓起的勇气，它不仅包藏着求生的愿望，还体现着探索精神，不屈服的意志，以及不达目的誓不罢休的决心。

只需弯一弯腰

一位大学毕业生前去汽车公司应聘。面试中，前面几位比他更有优势的应聘者都被淘汰了。当他前去面试时，发现洁净的过道上有一片脏兮兮的废纸。习惯使然，他弯下腰，拣起这片废纸丢进废纸箱。早已看过他资料的董事长目睹了这一细节，对他说道："你通过了！我相信一个不忽视眼前小事的人将可能成就大事！对这片废纸视而不见的人，可以想象他们在工作中的态度。"

这位年轻人就是今天大名鼎鼎的福特，这家公司则是后来世人皆知的福特公司。

不要忽视细微，不要轻视琐碎，哪怕是一片纸屑，它也可能绊阻你前行的脚步，或者助你踏上成功的台阶。成功，有时只需弯一弯腰。

尊重

有一个土著，叫什么记不清了，反正他们有个规矩，集会活动时，必须赤身裸体地在一起。虽然也遭受了很多白眼和漫骂，但他们却从没有因此改变过自己的族规。

有一次，他们这个部落里发生了瘟疫，许多族众染病卧床。部落里的医生全都束手无策。

最后他们决定到邻近部落去请一位有名的医生，但那位医生知道他们那条奇怪的族规，感到到那种地方去非常难为情，但又耐不住他的三番五次地邀请，最后想到还是以救死扶伤为重，便答应了。

欢迎医生到来的那天，族众们想，好不容易把医生请来，为尊重他起见，咱们就破一次例吧。所以那一天所有的族众都穿上了西服，打上了领带，聚集在他们的会堂里。

钟声响过，医生走了进来。族众们一下子都愣住了。只见白发苍苍的医生肩上背着重重的医疗包，身上却一丝不挂。

人们尊重你，会连你的个性一起尊重的。你要做的只是：坚持自己。个性是我们的一笔巨大的财富，老是跟随别人是没什么出息的。让自己的个性得到张扬，你离成功会更近一点。

只剩下一种办法

那年我在广州一家绝缘材料商店打工。一个雨夜，店里新到了一批货，我们加班搬运货物进仓。当时，我是商店的仓库管理员，担当着搬运和记录进仓货物数量和重量的任务。由于那批货一经雨水浸泡就会变成废物，我们必须拼命搬运。

然而，过完磅要记数时，我蓦地愣住了。钢笔没墨水了，无论如何使劲地划，也只留下一道道划痕，我的冷汗顿时刷地冒了出来。我深知这次疏忽带给自己的将是什么，也许会被扣掉当月奖金，也许会被老板炒鱿鱼！

危急之中，有一个霹雳在我脑海一闪。站在不远处指挥搬运的老板催问道："记下了没有?"我应了声："记下了!"不假思索地将左手食指伸进嘴里，狠狠地咬了下去。一股殷红的血顿时从食指尖冒出来，如蚯蚓般蜿蜒在皮肤上，我将笔尖吸附在它的上面……

第二天上班，我重抄了一份进仓单，保留了前夜用自己的血记下的那一份。

现在我已由一名蓝领打工者，成为白领管理人员。保留那张血记的进仓单，不是为了别的，只是为了让自己不要忘却过去的艰难和苦痛，更好地工作和生活。

在无处求援的时候，我们只能依靠自己，这不仅是最后的办法，也是最有效的办法。在任何时候都不要放弃，要对自己充满信心，我们一定有能力拯救自己。只要生命存在，希望之光就永远不会消失。

大力士阿喀琉斯与马车夫

一个马车夫正赶着马车，艰难地行进在泥泞的道路上。

马车上装满了货物。

忽然马车的车轮深深地陷进了烂泥中，马怎么用力也拉不出来。

车夫站在那儿，无助地看着四周，时不时大声地喊着大力士阿喀琉斯的名字，想让他来帮助自己。

最后阿喀琉斯出现了，他对车夫说：

"把你自己的肩膀顶到车轮上，然后再赶马，这样你就会得到大力士阿喀琉斯的帮助。如果你连一个手指头都不动一动，就不可能指望阿喀琉斯或其他什么人来帮助你。"

天助自助者。完全依赖别人施师是不可能的，只有你自己首先尽力而为，别人对你的帮助才能最终解决问题。若你对自己的问题也不卖力，别人凭什么要为你出力呢？任何时候，我们首先想到的应该是自助，其次才是求援。

蝴蝶的勇气

那是在1977年，当时罗克斯走在乔治亚州某个森林里的小路上，看见前面的路当中有个小水坑。他只好略微改变一下方向从侧翼绕过去，就在接近水坑时，他遭到突然袭击！

这次袭击是多么出乎意料！而且攻击者也是那么出人意外。尽管他受到四、五次的攻击还没有受伤，但他还是大为震惊。他往后退回一步，攻击者随即停止了进攻。那是一只蝴蝶，它正凭借优美的翅膀在他面前作空中盘旋。

罗杰斯要是受了伤的话，他就不会发现个中情趣；但他没有受伤，所以反倒觉得好玩，于是他笑了起来。他遭到的攻击毕竟是来自一只蝴蝶。

罗杰斯收住笑，又向前跨了一步。攻击者又开始向他俯冲过来。它用头和身体撞击他的胸脯，用尽全部力量一遍又一遍地击打他。

罗杰斯再一次退后一步，他的攻击者因此也再一次延缓了攻击。当他试图再次前进的时候，他的攻击者又一次投入战斗。他一次又一次地被它撞击在胸脯上，他感到莫名其妙，不知道该怎么办才好，只好第三次退后。不管怎么说，一个人不会每天碰上蝴蝶的袭击，但这一次，他退后了好几步，以便仔细观察一下敌情。他的攻击者也相应后撤，栖息在地上。就在这时他才弄明白它刚才为什么要袭击他。

它有个伴侣，就在水坑边上它着陆的地方，她好像已经不行了。它呆在她的身边，它把翅膀一张一合，好像在给她扇风。罗杰斯对蝴蝶在关心它的伴侣时所表达出的爱和勇气深表敬意。尽管她快要死去了，而自己又是那么庞大，但为了伴侣它依然责无旁贷地向他发起进攻。它这样做，是怕他走过她时不经意地踩到她，它在争取给予她尽可能多一点生命的珍贵时光。

现在罗杰斯总算了解了它战斗的原因和目标。留给他的只有一种选择，他小心翼翼地绕过水坑到小路的另一边，顾不得那里只有几寸宽的路埂，而且非常泥泞。它为了它的伴侣在向大于自己几千倍的敌人进攻时所表现出的大无畏气概值得罗杰斯这么做。它最终赢得了和她厮守在一起的最后时光，静静地，不受打扰。罗杰斯为了让它们安宁地享受在一起的最后时刻，直到回到车上才清理皮靴上的泥巴。

从那以后，每当面临巨大的压力时，罗杰斯总是想起那只蝴蝶的勇气。他经常用那只蝴蝶的勇猛气概激励自己、提醒自己：美好的东西值得你去抗争。

面对人这样的庞然大物，蝴蝶尚且有斗争的勇气，我们有什么资格选择懦弱、逃避？当生活中许多美好的东西面临危险时，我们应该勇敢地站出来，为捍卫美好而抗争。很多时候，勇气也是一种让人震撼的力量。

经营自己的长处

在广袤的草原上，一只羚羊忧心忡忡地问老羚羊：“这里一望无际，没遮没拦的，我们又没有锋利的牙齿，难道不会成为狮子、老虎的食物？”老羚羊回答道：“别担心，孩子，我们的确没有锋利的牙齿，但我们拥有可以高速奔跑的腿，只要我们善于利用它，即使再锋利的牙齿，又能拿我们怎么办呢？

在人生的坐标系里，一个人如果站错了位置，用他的短处而不是长处来谋生的话，那是非常可怕的，他可能会在永久的卑微和失意中沉沦。别总想着去“扮演”别人，你需要做的是认识自己，去发现自身的优势，把它变成明天成功的基石。

上帝的手

在一次洪水中，上帝的一个信徒匆忙中爬上了一个山坡，等待上帝的救助。这时，从远处驶来一只小船，他没有求救，小船渐渐远去。水越来越多，一艘轮船慢慢地驶了过来，他仍然没有求救，他在等待上帝的出现。当洪水快要把山坡淹没的时候，头上飞来一架飞机，他在想上帝为什么还不出现时，飞机已远去了。最后这个信徒被洪水淹没了。他来到了天堂，见到上帝后，他问上帝为什么不去救他。上帝说，我第一次派去一只小船你没有上，第二次派去一艘大轮船你还是没有上，最后，我连最先进的工具都派了去，你仍然不上，我又有什么办法呢？

人如果像洪水中期盼上帝之手的那个信徒，一味地等待，只会让稍纵即逝的机会随风而去，使生命空留遗憾。与其苦苦等待上帝的援助，为什么不伸出手自救，谁又知道上帝的手没有为你伸出呢？

富翁的三明治

在亚洲金融危机爆发前，他是泰国一家股票公司的经理，为这家公司挣了几个亿，自己也因此发了起来。玩腻了股票，他把所有积蓄和银行贷款都投入了房地产生意。1997 年 7 月，一场金融风暴席卷东南亚数国，并且波及全球。他的人生也跟着来了个 180 度的大转折。他不再是老板，因为还不了债，被告上了法庭。

当时他已做好了最坏的打算，但从未想到过死。他告诉自己必须活下去，不能做懦夫。于是他决定白手起家。

他的太太是位做三明治的能手，她建议他去卖三明治。从此，他挂上售货箱做起了卖三明治的小贩。起初，他从早上到下午一直在街头兜售近 7 个小时，嗓子喊哑了，也只能卖出一、二十个三明治。也难怪，泰国人爱吃米饭和米粉，吃不惯带洋味的三明治。

昔日亿万富翁沿街叫卖三明治的新闻很快被媒体报道出来，买三明治的人骤然增多。开始，人们大多是出于同情和好奇才来买，不久，大多数人都喜欢上了他的三明治的独特味道，回头客不断增多。而且，他的工厂生产的三明治新鲜可口，卫生，从不出售隔日的产品。他还为自己和雇员特制了工作服，上面印有各自的名字和电话号码，以便随时接受顾客的监督。没过多久，以他的名字为品牌的三明治就在曼谷打响了。

他的奋斗精神赢得了人们的尊重。在 1998 年泰国《民族报》评选的“泰国十大杰出企业家”中，他也名列榜首。在后来出版的《民族服》评选的“泰国十大杰出企业家”中，他名列榜首。在最近出版的《曼谷邮报》上，他的照片与国王蒲密蓬·阿杜德和总理川·立派的照片同时出现在头版上。他把这看做是对他的最高奖赏。

他就是曾经叱咤泰国商界的亿万富翁施利华。

人倒霉并不一定是坏事，就看你怎么去对待它。一旦你把腰弯下去，就很可能会趴下；直起腰杆才有希望。不管是在哪个国家，人们瞧不起的不是失败者，而是失败后自甘堕落的人。尽心尽力地做好当前力所能及的每件事，方是重新崛起的关键。

“聪明”的小男孩

一个小男孩问上帝：“一万年对你来说有多长？”上帝回答说：“像一分钟。”

小男孩又问上帝说：“一百万元钱对你来说有多少？”上帝回答说：“像一元。”

小男孩再问上帝说：“那你能给我一百万元吗？”上帝回答说：“当然可以，只要你给我一分钟。”

天下没有免费的午餐，没有付出就别指望有回报。凡事皆不是举手可得的，需要你付出时间、毅力，还有你的聪明才智。不要把希望寄托在不劳而获上，你只能用自己的双手去获取你想要的一切。

你，就是你自己的上帝

一个穷人为农场主搬东西的时候，失手打碎了一个花瓶。农场主要穷人赔，穷人哪里能赔得起。

穷人被逼无奈，只好去教堂向神父讨主意。神父说：“听说有一种能将破碎的花瓶粘起来的技术，你不如去学这种技术，只要将农场主的花瓶粘得完好如初，不就可以了嘛。”穷人听了直摇头，说：“哪里会有这样神奇的技术？将一个破花瓶粘得完好如初，这是不可能的。”神父说：“这样吧，教堂后面有个石壁，上帝就呆在那里，只要你对着石壁大声说话，上帝就会答应你的。”

于是，穷人来到石壁前，对石壁说：“上帝请您助我，只要您帮助我，我相信我能将花瓶粘好。”话音刚落，上帝就回答了他：“你能将花瓶粘好。”于是穷人信心百倍，辞别神父，去学粘花瓶的技术去了。

一年以后，这个穷人通过认真地学习和不懈地努力，终于掌握了将破花瓶粘得天衣无缝的本领。他真的将那只破花瓶粘得像没破时一样，将它还给了农场主。他要感谢上帝。神父将他领到了那座石壁前，笑着说：“你不用感谢上帝，你要感谢就感谢你自己吧。其实这里根本就没有上帝，这块石壁只不过是块回音壁，你所听到的上帝的声音，其实就是你自己的声音。你就是你自己的上帝。”

我们每个人都是自己的上帝，主宰自身命运的是我们自己。只要我们怀着必胜的信念，将自己的潜能发挥出来，我们的愿望是可以实现的。若只知道等待别人的帮助，期待天上掉下陷饼，永远也不会有成功的一天。

彼岸

我发现自己突然坐进一只小船中。船被人从岸边推到河里。有人告诉我：划向对岸去，同时又给了我两只桨。之后，小船里就剩下我一个人。我摇动桨，船向前移；我划得愈远，水流就愈急，让我不能朝原定的方向划去。

在河面上我遇见别的船，他们也被激流荡开。有的人放下了桨，有的人还在挣扎，大多数的人都在激游上漂浮。

我的船漂得愈远，我见到的随波漂浮的船便愈多，以至忘记了原来我应该划去的方向。四面八方都有对我欢呼的声音，使我觉得我的方向很正确。大家都跟着潮流漂浮、滑进，我也跟着大家走。突然，我听到如雷的水声，急湍的险滩就在前面。我看见许多破船，我明白自己也快要船破人亡了。

到这时我才清醒过来。

出现在我面前是灭亡，我的小船正迅速向它漂去。我该怎么办？

回头一望，发现不少的船正在和激流搏斗，朝上游划去。我这才想起我的桨、我的航道和应该去的彼岸。我开始奋力划船，逆流而上，向对岸驶去。

彼岸就是天父，激流是传统，双桨是自由意志。要能选择向善，才能与天父重聚。

船逢激流，如果不激流勇进，就有可能被激流冲得不知去向，甚至船毁人亡。生活中也一样，不去征服困难，就有可能被困难打垮，困难就像弹簧，你强它就弱，你弱它就强。做弱者还是强者，取决于你自己的选择。

支配别人不如支配自己

已经连续下了几天小雨了，这天，居然又下起了瓢泼大雨。

此时，在一个大场院里，有一个人浑身淋得透湿，但他似乎毫无觉察，仍然一手叉腰，一手指着天空，高声大骂着："你这不长眼的老天呀！你已经连续下了几天小雨了，弄得我屋也漏了，粮食也发霉了，柴火也湿了，衣服也没有换的了，我该咋活呀？我要骂死你……"

这时，有位智者对骂天者说："你湿淋淋地站在雨中骂天，过两天老天爷一定会被你气死，然后再也不敢下雨了。"

"哼！它才不会生气呢，它根本听不见我在骂它，我骂它实际上一点用也没有！"骂天者气哼哼地说。

“既然明知没有作用，为什么还在这里做蠢事呢？”

“……”骂天者无言以对。

“与其在这里骂天，不如为自己撑起一把雨伞。然后去把屋顶修好，去邻家借点柴火，把衣服烘干，粮食烘干，好好吃上一顿饭。”智者说。

在现实生活中，我们虽然没有能力去支配别人，但是我们应该有能力支配自己。其实我们自身的能力是无穷的，只要真正做到支配自己，将身上的最大能量发挥出来，我们做什么都是可以成功的。

命运

威尔逊先生是一位成功的商业家，他从一个普普通通的事务所小职员做起，经过多年的奋斗，终于拥有了自己的公司、办公楼，并且受到了人们的尊敬。

这一天，威尔逊先生从他的办公楼走出来，刚走到街上，就听见身后传来“嗒嗒嗒”的声音，那是盲人用竹竿敲打地面发出的声响。威尔逊先生愣了一下，缓缓地转过身。

那盲人感觉到前面有人，连忙打起精神，上前说道：“尊敬的先生，您一定发现我是一个可怜的盲人，能不能占用您一点点时间呢？”

威尔逊先生说：“我要去会见一个重要的客户，你要什么就快说吧。”

盲人在一个包里摸索了半天，掏出一个打火机，放到威尔逊先生的手里，说：“先生，这个打火机只卖1美元，这可是最好的打火机啊。”

威尔逊先生听了，叹口气，把手伸进西服口袋，掏出一张钞票递给盲人：“我不抽烟，但我愿意帮助你。这个打火机，也许我可以送给开电梯的小伙子。”

盲人用手摸了一下那张钞票，竟然是100美元！他用颤抖的手反复抚摩着这钱，嘴里连连感激着：“您是我遇见过的最慷慨的先生！仁慈的富人啊，我为您祈祷！愿上帝保佑您！”

威尔逊先生笑了笑，正准备走，盲人拉住他，又喋喋不休地说：“您不知道，我并不是一生下来就瞎的。都是23年前布尔顿的那次事故！太可怕了！”

威尔逊先生一震，问道：“你是在那次化工厂爆炸中失明的吗?”

盲人仿佛遇见了知音，兴奋得连连点头：“是啊是啊，您也知道?这也难怪，那次光炸死的人就有93个，伤的人有好几百，那可是头条新闻哪！”

盲人想用自己的遭遇打动对方，争取多得到一些钱，他可怜巴巴地说了下去：“我真可怜啊！到处流浪，孤苦伶仃，吃了上顿没下顿，死了都没人知道！”他越说越激动，“您不知道当时的情况，火一下子冒了出来！仿佛是从地狱中冒出来的！逃命的人群都挤在一起，我好不容易冲到门口，可一个大个子在我身后大喊：‘让我先出去！我还年轻，我不想死！’他把我推倒了，踩着我的身体跑了出去！我失去了知觉，等我醒来，就成了瞎子，命运真不公平呀！”

威尔逊先生冷冷地道：“事实恐怕不是这样吧？你说反了。”

盲人一惊，用空洞的眼睛呆呆地对着威尔逊先生。

威尔逊先生一字一顿地说：“我当时也在布尔顿化工厂当工人。是你从我的身上踏过去的！你长得比我高大，你说的那句话，我永远都忘不了！”

盲人站了好长时间，突然一把抓住威尔逊先生，爆发出一阵大笑：“这就是命运啊！不公平的命运！你在里面，现在出人头地了；我跑了出去，却成了一个没有用的瞎子！”

威尔逊先生用力推开盲人的手，举起了手中一枝精致的棕榈手杖，平静地说：“你知道吗？我也是一个瞎子。你相信命运，可是我不信。”

同是盲人，有人只能以乞讨为生，有人却能出人头地，这绝非命运的安排，而在于个人的奋斗。面对自己的残缺，屈服于命运，自卑于命运，并企图以此博取别人的同情，这样的人只能永远躺在自己的残缺上哀鸣，不会有站起来的一天。可残缺并不意味着失去一切，靠自己的奋斗一样可以消除自卑的阴影，赢得世人的尊重。

挺住，再坚持一下

1950年，弗洛伦丝·查德威克因成为第一个成功横渡英吉利海峡的女性而闻名于世。再年后，她从卡德林那岛出发游向加利福尼亚海滩，想再创一项前无古人的纪录。

那天，海面浓雾弥漫，海水冰冷刺骨。在游了漫长的16个小时之后，她的嘴唇已冻得发紫，全身筋疲力尽而且一阵阵战粟。她抬头眺望远方，只见眼前雾霭茫茫，仿佛陆地离她还十分遥远。“现在还看不到海岸，看来这次无法游完全程了。”她这样想着，身体立刻就瘫软了下来，甚至连再划一下水的力气都没有了。

“把我拖上去吧！”她对陪伴着她的小艇上的人说。

“咬咬牙，再坚持一下。只剩一英里远了。”艇上的人鼓励她。

“别骗我。如果只剩一英里，我就应该能看到海岸。把我拖上去，快，把我拖上去！”

于是，浑身瑟瑟发抖的查德威克被拖上了小艇。

小艇开足马力向前驶去。就在她裹紧毛毯喝了一杯热汤的工夫，褐色的海岸线就从浓雾中显现出来，她甚至都能隐隐约约地看到海滩上欢呼等待她的人群。到此时她才知道，艇上的人并没有骗她，她距成功确确实实只有一英里！她仰天长叹，懊悔自己没能咬咬牙再坚持一下。

“行百里者半九十”，最后的那段路，往往是一道最难越的门槛，因为在我们历尽艰辛心力交瘁的时候，即使一个小小的变故或者障碍都有可能把我们击倒。这个时候，意志就显得至关重要。胜利往往来自于“再坚持一下”的努力之中。

阴影是条纸龙

阿强的祖父用纸给他做了一条长龙。长龙腹腔的空隙仅仅只能容纳几只半大不小的蝗虫慢慢地爬行过去。

但祖父捉了几只蝗虫，投放进去，它们都在里面死去了，无一幸免！

祖父说：蝗虫性子太躁，除了挣扎，它们没想过用嘴巴去咬破长龙，也不知道一直向前可以从另一端爬出来。因而，尽管它有锯齿般的嘴和铁钳般的大腿，也无济于事。

祖父把几只同样大小的青虫从龙头放进去，然后关上龙头，奇迹出现了：仅仅几分钟时间，小青虫们就一一地从龙尾默默地爬了出来。

命运一直藏匿在每个人的思想里。许多人走不出各个不同阶段或大小的阴影，并非因为他们先天的个人条件比别人要差多远，而是因为他们没有想过要将阴影纸龙咬破，也没有耐心慢慢地找准一个方向，一步步地向前，直到眼前出现新的洞天。

锯掉椅背

克罗克是美国颇负盛名的麦克唐纳公司的老总。有一段时间，公司出现严重亏损。克罗克发现其中一个重要原因就是公司各职能部门经理总是习惯于靠在舒适的椅背上指手划脚，把许多宝贵时间耗费在抽烟和闲聊上。于是，他派人将所有经理的椅背都锯掉了，逼他们离开了舒适的椅子。开始，经理们不解、不满。不久，他们悟出了克氏的良苦用心，于是纷纷深入基层实地调查、处理问题。他们的行为影响和带动了全体员工，公司在短期内就扭亏为盈了。

世上没有绝对的优势，也没有一劳永逸的椅背。椅背锯掉了，惰性的温床便不复存在，人的活力与创造力被激发，公司效益随即扶摇直上。这一良性循环的规律同样也适用于商业之外的其他领域，尤其是人生奋斗。

赳赳父子

每次登黄山，都会流连忘返。那云海，那劲松，那奇石，那飞瀑，那山花，那流泉，无一不让人梦萦魂牵。

而这次登黄山，使我感慨万千的却是一对雄赳赳的父子。

上山途中，父亲对儿子说：“再苦再累也要自己上，我一定不帮你！”奶声奶气的儿子则挺了挺胸：“再苦再累也不许你帮我——咱们说好了的！”

而且，也就是在即将登临天都峰顶的那段最为困难的攀登途中，我亲眼目睹了这对父子的悲壮。

先是儿子摔倒了，父亲伸手要扶他，满头大汗的儿子摆摆手，拒绝了。可他毕竟摔得挺重，他摇摇晃晃地很难站稳，父亲又想伸出手扶他，但却又毅然把那只手收了回来。

我怦然心动，我看到了一道风景，一道用父亲的理智与儿子的坚毅画就的最美的风景！

一步一个脚印，就这么勇敢坚定地向前走。终于，他们登上了天都峰。

山很高，白云就在身边飘，仿佛撕一片就是擦汗的手绢儿。在呼啸的山风中，我为那深刻的父爱而肃然起敬。我当然更不会怀疑那个奶声奶气的孩子，他肯定能长成一只真正的鹰。

此时此刻，我也明白了一个道理，只有把孩子交给磨难的爸爸，才是真正理智的爸爸。

甜美也是一种伤害！这位父亲深谙这个道理。

担心孩子受到伤害，什么事都替孩子做，这并不是爱孩子的正确方式，因为它只能养成孩子的依赖性而使其丧失自助的能力，最终走上社会也不会有太强的适应力。舍得对孩子放手，自己才能永远放心。

跨栏人生

从前有个人，相貌极丑，走到街上时，街上的行人都要掉头对他多看一眼。他从不修饰，到死都不在乎衣着。窄窄的黑裤子，伞套似的上衣，加上高顶窄边的大礼帽，仿佛要故意衬托出他那瘦长条似的个子，走路姿势难看，双手晃来荡去。

他是小地方的人，直到临终，甚至已经身居高职，仍然然不穿外衣就去开门，仍戴手套去歌剧院。总是讲不得体的笑话，往往在公众场合忽然忧郁起来，不言不语。无论在什么地方——在法院、讲坛、国会、农庄，甚至于在他自己家里——他都处处显得不得其所。

他不但出身贫贱，而且身世低微，母亲是私生子，他一生都对这些缺点非常敏感。

没有人出身比他更低；没人比他升得更高。

他后来担任美国总统，他就是林肯。

人往往因为早期的弱点而使他们奋力以求获得成就。这就仿佛有个栏，栏越高，跳得也越高。不断地跳过人生的栏，我们也就达到了一个又一个高度。

合格

航天之父布劳恩年轻时进入夏洛滕堡工学院后，同时又在博尔西希大机器厂当学徒。一位严格的教师要布劳恩将一块铁疙瘩锉成一个正立方体。他锉好后，送上去，不合格。退回来重锉，再送上去……最后才被通过。这时候的铁疙瘩，已从西瓜那样大小，锉到只比胡桃稍大些了。

读了这个故事，人们往往感到布劳恩的毅力非凡。其实，如能再认真地思考一下“布劳恩最终究竟用什么方法锉出了合格的正立方体的”，然后再思考下去：“如果我碰上了这个问题，能否完成得比布劳恩更好呢?”意义就不同了。

痛之喜悦

因外伤全身瘫痪的威廉·马修，每天早晨都要迎接来自身体不同部位的痛楚的袭击。在将近一小时的折磨中，马修不能翻身，不能擦汗，甚至不能流泪，他的泪腺由于药物的副作用而萎缩。

马修说：“钻心的刺痛固然难忍，但我还是感激它——痛楚让我感到我还活着。”在痛楚中发现喜悦，这在一般人看来很荒唐。但置身马修的处境，就知道这种特定的痛楚不仅给他带来喜悦，而且带来了希望。过去，马修经历过无数个没有任何知觉的日夜。如果说，痛楚感是一处断壁残垣的话，无知觉则是死寂的沙漠。痛楚感使马修体验到了“存在”。从某种意义上说，这甚至是一种价值体现——医疗价值与康复价值的体现。他把痛楚作为契机，进而康复，享受到正常人享有的所有感受。谁也不能保证可怜的马修能获得这一天，但他和医生一起朝这个方向努力，因此他盼望痛楚会在第二天早晨如期到来。

从常常忍受不了痛楚到在痛楚中发现喜悦，两者的差别在于，一个人拥有多大的力量来热爱生活。爱，实在是天下最有力量的事情，它常常产生奇迹。有了对生活的爱，即使痛也是幸福的。

上帝给谁的都不会太多

某欧洲国家一位著名的女高音歌唱家，仅仅三十多岁就已经红得发紫，饮誉全球，而且郎君如意，家庭美满。一次她到邻国来开独唱音乐会，入场券早在一年以前就被抢购一空，当晚的演出也受到了极为热烈的欢迎。演出结束之后，歌唱家和丈夫、儿子从剧场里走出来的时候，一下子被早已等在那里的观众团团围住。人们七嘴八舌地与歌唱家攀谈着，其中不乏赞美和羡慕之词。

有的人恭维歌唱家大学刚刚毕业就开始走红，进入了国家级的歌剧院，成为扮演主要角色的演员；有的人恭维歌唱家二十五岁时就被评为世界十大女高音歌唱家之一；也有的人恭维歌唱家有个腰缠万贯的某大公司老板作丈夫，而膝下又有个活泼可爱脸上总带着微笑的小男孩……

在人们议论的时候，歌唱家只是在听，并没有表示什么。当她等人们把话说完以后，才缓缓地说：“我首先要谢谢大家对我和我的家人的赞美，我希望在这些方面能够和你们共享快乐。但是，你们看到的只是一个方面，还有另外的一个方面你们没有看到，那就是你们夸奖的活泼可爱脸上总带着微笑的这个小男孩，不幸是一个不会说话的哑巴，而且，在我的家里他还有一个姐姐，是需要长年关在装有铁窗里的精神分裂症患者。”

歌唱家的一席话使人们震惊得说不出话来，大家你看看我，我看看你，似乎是很难接受这样的事实。

这时，歌唱家又心平气和地对人们说：“这一切说明什么呢？恐怕只能说明一个道理，那就是上帝给谁的都不会太多。”

成功者的背后也有很多辛酸，而平凡者自有平凡者的自在，上帝给谁的都不会太多。我们的生活中既有好的方面，又有坏的一面，幸福与否，就在于我们看到的是生活的哪一面。不要埋怨上帝的不公，我们已经拥有了很多美好的东西，懂得珍惜它们吧。

第七章
适时停下追赶时间的脚步

忙碌与悠闲

我和儿子坐在仁爱路安全岛的大树下喂鸽子，凉风从树梢间穿入，树影婆娑，虽然是夏日的午后，也感到十分凉爽。

我对儿子说："如果能像树那么悠闲，整天让凉风吹拂，也是很好的事呀！"

儿子说："爸爸，你错了，树其实是非常忙碌的。"

"怎么说？"

儿子说："树的根要深入地里，吸收水分，树的叶子要和阳光进行光合作用，整棵树都要不断地吸入二氧化碳，吐出氧分，树是很忙的呀！"

我看到地上的鸽子悠闲地踱步，悠闲的鸽子就忙碌起来了。

我想到，如果我们有悠闲的心，那么所有的忙碌的事情都可以用悠闲的态度来完成。

将忙碌的事情用悠闲的态度来完成，这是一种生活艺术。同样是忙碌，有的人感觉累得喘不过气来，有的人却觉得很充实、很自在。只要我们拥有一颗悠闲的心，即使再忙，我们的生活也充满诗意。

把悲痛藏在微笑下面

二战期间，一位名叫伊莉莎白·康黎的女士在庆祝盟军在北非获胜的那一天收到了国际部的一份电报，她的侄儿——她最爱的一个人死在战场上了。她无法接受这个事实，她决定放弃工作，远离家乡，把自己永远藏在孤独和眼泪之中。

正当她清理东西，准备辞职的时候，忽然发现了一封早年的信，那是她侄儿在她母亲去世时写的。信上这样写道："我知道你会撑过去。我永远不会忘记你曾教导我的：不论在哪里，都要勇敢地面对生活。我永远记着你的微笑，像男子汉那样，能够承受一切的微笑。"她把这封信读了一遍又一遍，似乎他就在她身边，一双炽热的眼睛望着她："你为什么不照你教导我的去做？"

康黎打消了辞职的念头，一再对自己说：我应该把悲痛藏在微笑下面，继续生活，因为事情已经是这样了，我没有能力改变它，但我有能力继续生活下去。

事情是这样的，就不会那样，隐在痛苦泥潭里不能自拔，只会与快乐无缘，告别痛苦的手得由你自己来挥动，享受今天盛开的玫瑰的捷径只有一条：坚决与过去分手。

相映成趣

午夜，我去后廊收衣，忽然看到西邻的墙上有一幅画。不，不是画，是一幅投影。我不禁咋舌，真是一幅大立轴啊！

我四下望了望，明白这投影画是怎么造成的了。我的东邻最近大兴土木，在后院里铺了一片白色鹅卵石，种上一排翠竹 。晚上还开了强光投射灯，灯光一照，那些翠竹便"影印"到那面大墙上。

我为这意外的美丽画面而惊喜呆立，手里抱着晒干的衣服，眼睛却望着深夜灯光所幻化的奇景。

此刻，我看着娟娟竹影投向大壁的景致，心里忽然充满感谢。东邻种竹，但他看到的是落地窗外的竹，而未必见到壁上的竹影。西邻有壁，但他的生活在壁内，当然也看不到壁上竹影。我无竹也无壁，却是奇景的目击者和见证人。

是啊，我心想，世间所有的好事都是如此发生的……

无竹无壁，却可以欣赏在壁上竹影的奇景，可见，很多时候我们只需要有一双善于观察、发现的眼睛就行。“君子善假于物也”，我们应该学会去利用、享受别人所能提供的东西，即便我们似乎“一无所有”，我们一样可以拥有整个世界。

将挫折变成游戏

在一个春光明媚的日子，在阳光普照的公园里，许多小孩正在快乐地游戏，其中一个小孩不知绊到了什么东西，突然摔倒了，并开始哭泣。这时，旁边有一位小女孩立即跑过来，别人都以为这个小女孩会伸手把摔倒的小女孩拉起来或安慰鼓励她站起来，但出乎意料的是，这个小女孩竟在哭泣着的小女孩身边也故意摔了一跤，同时一边看着小女孩一边笑个不停。泪流满面的小女孩看到这幅情景，也觉得十分可笑，于是破涕为笑，两人滚在一起乐得非常开心。

游戏本身，就是在不断战胜挫折与失败中获取的一种刺激与欢乐，假如没有挫折与失败，再好的游戏也会索然无味。倘若人们在生活中，也用这么一种积极向上的游戏心态，那么面对失败与挫折，也就不会显得那般沉重和压抑。

绿洲里的老先生

一个青年来到绿洲碰到一位老先生，年轻人便问：“这里如何？”老人家反问说：“你的家乡如何？”年轻人回答：“糟透了！我很讨厌它。”老人家听后就说：“那你快走，这里同你的家乡一样糟。”

后来又来了另一个青年问同样的问题，老人家也同样反问，年轻人回答说：“我的家乡很好，我很想念家乡的人、花、事物……”老人家便说：“这里也是同样的好。”

旁听者觉得诧异，问老人家为何前后说法不一致呢？老者说：“你要寻找什么，你就会找到什么！”

当你以欣赏的态度去看一件事，你便会看到许多优点；假如你以批评的态度去看待它，你便会发现无数缺点。事物还是那个事物，它给你带来的却因你的态度不同而完全不同。

蔷薇的启示

A

路边开满了带刺的蔷薇花，三个步行者打这里路过。

第一个脚步匆匆，他什么也没看见。

第二个感慨万千，叹了口气：“天！花中有刺。”

第三个却眼睛一亮：“不，应当说刺中有花。”

第一个人挺麻木，他看不到风景；第二个人挺悲观，风景对于他没有意义；至于第三个嘛，是个乐观主义者。

那么您呢？您是哪一个？

B

路边的蔷薇热烈地开着，三个人走了过来，入迷地看着。

第一个欣喜若狂，伸手就摘，结果被刺得鲜血淋漓。

第二个见此情景，赶紧缩回了正想摘花的手。

第三个则小心翼翼地伸出手来，把其中最漂亮的那一朵摘了下来。

当晚，三人都做了个梦：第一个被梦中的刺吓得大喊救命，第二个对着梦中的蔷薇无奈地叹着气，第三个则被花的明媚簇拥着，在梦中，他听到了蔷薇的笑声。

C

老师在上课，津津有味地讲着蔷薇。

讲完了，老师问学生："你最深刻的印象是什么？"

第一个回答："是可怕的刺！"

第二个回答："是美丽的花！"

第三个回答："我想，我们应当培育出一种不带刺的蔷薇。"

多年之后，前两个学生都无所作为，唯有第三个学生以其突出的成就闻名远近。

蔷薇带给我们的启示太多太多。蔷薇就像生活，有美丽的花也有可怕的刺，怎样避开刺而享受花，那是一种生活的艺术。好好领悟蔷薇的启示，做一个生活的强者。

痛感与生命

我认识一位妇人，她几乎经历了一个普通女人所经历的所有不幸：幼年时候父母先后病逝。好不容易找到了一份工作，又因为不同意做厂里某领导人的儿媳而被挤出厂门。嫁了个当兵的丈夫，婆婆却十分苛刻。婆婆过世后丈夫又因外遇而弃她而去。现在，她领着女儿独自度日，日子似乎过得十分平静。

一个阳光很好的日子，我去她家闲坐，女儿在一边玩耍。我们边聊天边和小姑娘逗笑，不经意间触动了往事。我赞叹她遭遇这么多挫折却活得如此坚强平和，她笑笑，给我讲了一个故事：两个老裁缝去非洲打猎，路上碰到了一头狮子，其中一个裁缝被狮子咬伤了，没被咬的那位问他：“疼吗?”受伤的裁缝说：“当我笑的时候才感到疼。”

“妈妈，我的手破了!”小姑娘猛然喊道。她举起手指让我们看。她的原来手指被铁片划了一道细口，流了点血。

“疼吗?”我问。

“疼。”

“骗人。”妇人笑道，“你不动它时就不觉得疼，是吗?”

“那我就一直不动吗?”

“当然要动。只有动时血液才会流动，才会让旧的伤痕快点逝去，才会早点恢复健康。”

小姑娘笑了，又去乖乖地玩耍。

“我也是这样的。”妇人对我笑道，“我被狮子咬了许多口，但人的一贯原则是：忍着痛，坚持动，笑也好，哭也好，只要有灵魂，只要有生命，就有生存的意义、希望和幸福。”

我惊痴地望着她写满无数沧桑的脸，仿佛那是一方视线极阔的天窗。

当我们受到生活的伤害时，该怎么办？强者会忍着痛，坚持动，只要生命还在，就有生存的意义、希望和幸福。一颗不屈的心是顽强生命的支撑。

利润

小镇上一位颇有钱的五金店老板把支票放在大信封内，把钞票放在雪茄烟盒里，把到期的账单插到票据上。

那个当会计师的儿子来探望父亲，说："爸爸，我实在搞不清你是怎么做买卖的。你根本无法知道自己赚了多少钱。我替你搞一套现代化会计系统好吗？"

"不必了，孩子，"老头说，"这一切，我心中有数，我爸爸是个农民，他去世时，我名下的东西只有一条工装裤和一双鞋。后来我离开农村，跑到城市，辛勤工作，终于开了这家五金店。今天我有三个孩子——你哥哥当了律师，你姐姐当了编辑，你是个会计师。我和你妈妈住在一所挺不错的房子里，还有两部汽车。我是这家五金店的老板，而且没欠人家一分钱。"

老头停顿了一下接着说："好了，说说我的会计方法吧——把这一切加起来，扣除那工装裤和那双鞋，剩下的都是利润。"

生活中我们总在不断计算自己的得失，可我们是否想过：什么是我们所真正拥有的？我们赤条条地来，赤条条地走，带不来什么也带不走什么，唯有在生命的过程中有过得有过失。如果我们曾经拥有过什么，那就是我这一遭人生的利润了。

最后的交易

早晨，我走在石头铺成的路上，大叫着："来雇我吧！"

国王坐着华丽的马车来到我身边，他手握宝剑，抓住我的手说："我用我的权力雇你。"

但权力对我毫无意义，他坐着马车走了。

正午时分，烈日炎炎，房屋都紧闭着。

我徘徊在弯弯曲曲的窄巷中，一个老人提着金袋走了出来。

他沉思片刻，然后说："我用我的金钱雇你。"

他一枚枚掂量着他的金币，我摇摇头走开了。

晚间，花园的篱笆边芳香四溢。

美丽的姑娘走过来说："我用我的微笑雇你。"

她的微笑很快变得苍白，融化成了泪水，她只有独自回到黑暗中去了。

太阳照着海滩，海浪拍打着海岸。一个儿童坐在沙滩上玩着贝壳。

他抬起头来，她像认识我："我雇用你，但没任何报酬。"

从此，这与玩童的交易使我成了一个自由的人。

权力、金钱、美貌，这些都只会增加人生的负担。唯有自由，挣脱一切的自由，让我们成为一个完整的人，一个真正意义上的人。如果让你选择，你会做怎样的交易？

把眼泪变成画

把眼泪变成画——似乎不合逻辑。

但我所讲的这个人物，的确把眼泪变成了美丽的画。这个人，就是日本16世纪的画圣雪舟。

雪舟幼时家贫，曾不得不进山当和尚，由于酷爱画画，常因学画而误了念经，以至一再触犯了长老。一次，长老见他走火入魔，“屡教不改”，大怒，将其双手反绑着捆在了寺院的柱子上。雪舟伤心，不由得泪如雨下，而那泪水刚滴落在地上，便立即激发了雪舟的灵感——他居然伸出了大脚趾，蘸着泪水在地上画了起来，并画出一只只活灵活现的小老鼠。长老于是大惊，认定这孩子必有出息——后来的雪舟，果然成了一代宗师！

哭是一种常见现象，谁人不曾哭过？可是，当我们无可奈何地流着泪水时，也就陷于了无可奈何的悲哀之中——这当然没出息！谁曾想过把眼泪变成画？原来哭里也有学问。

增加一个休止符

在贝多芬奏鸣曲中，有些慢板乐章里，你会看到在一连串弱音主奏之后，竟出现一个长休止符，紧接着开始了另一段新的吟唱旋律。可别小看了这个似乎不起眼的休止符，它可是扮演了一个“起承转合”的角色，也正因为有了它，前段的主题可以在后段音乐开始前，作一个戏剧性的收尾。

伟大的作曲家能作出艰深复杂的作品。可是，常常令我着迷的，不是乐曲里华丽的技巧和优美的旋律，而是常被拿来当陪衬的休止符。有了它，整首曲子才能达到红花绿叶、画龙点睛的效果；有了它，才能真正地把音乐推向一个更为深邃广大、无限神秘与想像的境界。

在准备个人钢琴演奏会的前夕，我曾向指导教授 Dr. Saffer 请教一些上台的应对表现。她给我的建议是："在弹完最后一个音时，不要急着起身行礼，记得再加弹一个小节的休止符，这样可以让你的听众更能够感受到这些仍然散发、飘荡在空气中的音乐气势。"这令我联想起白居易在《琵琶行》里所描述的："……别有幽愁暗恨生，此时无声胜有声。银瓶乍破水浆迸，铁骑突出刀枪鸣。曲终收拨当心画，四弦一声如裂帛。东船西舫悄无言，惟见江心秋月白。……"这一句"东船西舫悄无言"形容得好不贴切，如果当时四处响起的是一片鼓掌叫好之声，铁定是破坏了整个美好的画面。可见适时的"休止无声"有时候是有必要的。

反观人生，我们也可以把它比喻成一首歌，有高潮迭起时，也有风平浪静时。谁说生活里有太多的无奈，有太多的身不由己？若能适时在忙碌的日子里加上一个休止符，相信必能达到修身洗心之效果，更能造就自己的深度、笃定和成熟。

碰壁的鲮鱼

生物学家曾做过一个有趣的实验，他们把鲮鱼和鲦鱼放进同一个玻璃器皿中，然后用玻璃板把它们隔开。开始时，鲮鱼兴奋地朝鲦鱼进攻，渴望能吃到自己最喜欢的美味，可每一次它都"咣"地碰在了玻璃板上，不仅没捕到鲦鱼，而且把自己碰得晕头转向。

碰了十几次壁后，鲮鱼沮丧了。当生物学家轻轻将玻璃板抽去之后，鲮鱼对近在眼前垂手可得的鲦鱼却视若无睹了。即便那肥美的鲦鱼一次次地擦着它的唇鳃不慌不忙地游过，即便鲦鱼尾巴一次次拂扫了它饥饿而敏捷的身体，碰了壁之后的鲮鱼却再也没有进攻的欲望和信心了。

美食垂手可得，鲮鱼却饥饿而死，这的确可悲可笑。可是在生活中，我们是否也当过那条“鲮鱼”呢？一点点风浪就使我们弃船上岸，一个小小的打击就使我们放弃了一切梦想和努力……许多时候，我们失败的真正原因在于：面对近在眼前的已被抽掉“玻璃板”的“鲦鱼”，我们没有去“再试一次”。

开心一家

没见过那么丑又那么开心的女人。每天黄昏经过小桥，总遇见那木推车，总见那女人坐在车子上，怀里不是搂着她的儿子（我断定是她儿子，因为小男孩那副丑相简直就是女人的翻版），就是破箱子破胶袋、草席水桶、饼干盒、汽车轮大包小包拉拉杂杂地前呼后拥把她那起码二百磅的身子围在中心。那男人（想必是她丈夫）龇牙咧嘴地推着车子，黄褐色的头发湿淋淋地贴在尖尖的头颅上，打着赤膊，夕阳下的皮肤红得发亮，半长不短的裤子松垮垮地吊在屁股上。每次木推车上桥时，男人的裤子就掉下来，露出半个屁股。别人都累死了，那胖死人可坐得心安理得，常常还优哉游哉地吃着雪糕筒呢！铁棍似又黑又亮又结实的手臂里的小男孩时不时把母亲拿雪糕的手抓过去咬一口，母子俩在木推车上争着吃。脸上尽是笑，女人笑得眼睛更小、鼻更塌、嘴巴更大。她的脸有时可能搽了粉，黑不黑，白不白，有点灰有点青，粗硬的曲发老让风吹得在头顶纠成一团，而后面那瘦男人就看得那么开心，天天推着木推车，车上的肥老婆天天坐在那儿又吃又喝。有一次不知怎地，木推车不听话地直往桥脚下一棵椰子树冲去，男人直着脖子拼命拉，裤子都快全掉下来了，木推车还是往椰子树一头撞去，女人手中的碎冰草莓撒了她跟小男孩一头一脸。我起先咬着唇忍着不敢笑，谁知那男人一手丢了木推车，望着车上的母子俩人大笑不止，女人一边抹去脸上的草莓，一边咒骂，一边跟着笑，夕阳也不忍下山了。看着这一家三口笑得死去活来，我也放怀跟着他们恣意地大笑一场。

唉，管什么男的讲风度，女的讲气质，什么人生的理想，生活的目标，什么经济不景气……这一家三口，男人的黄发和木车扶手上的蛤蜊和黑白仔告诉我，他是捕鱼郎，女人大概是摆地摊的小贩，每天快快乐乐地出海摸蛤蜊，每天快快乐乐地赶集摆地摊，然后跟着夕阳回家。

丑成那样，穷成那样，又有什么关系呢？

生活就摆在我们每个人的面前，等待着我们来品尝。生活的滋味如何，在于我们用什么心态来对待它。丑，穷，又有什么关系？一样可以尽情地享受生活，而且可以更接近生活的真谛。

心中有景

南山下有一庙，庙前有一株古榕树。一日清晨，一小和尚来洒扫庭院，见古榕树下落叶满地，不禁忧从心来，望树兴叹。忧至极处，便丢下笤帚至师父的堂前，叩门求见。

师父闻声开门，见徒弟愁容满面，以为发生了什么事，急忙询问：“徒儿，大清早为何事如此忧愁？”

小和尚满面疑惑地诉说：“师父，你日夜劝导我们勤于修身悟道，但即使我学得再好，人总难免有死亡的一天。到那时候，所谓的我，所谓的道，不都如这秋天的落叶，冬天的枯枝，随着一捧黄土青冢而淹没了吗？”

老和尚听后，指着古榕树对小和尚说：“徒儿，不必为此忧虑。其实，秋天的落叶和冬天的枯枝，在秋风刮得最急的时候，在冬雪落得最密的时候，都悄悄地爬回了树上，孕育成了春天的花，夏天的叶。”

“那我怎么没有看见呢？”

“那是因为你心中无景，所以看不到花开。”

面对落叶凋零而去憧憬含苞待放，这需要有一颗不朽的春心，一颗乐观的心。只要心中有景，何处不是花香满园？

睡袍

我认识一个杰出的女人，在纽约，她是她那行里出类拔萃的人物。

但有一个夜晚，她的小女儿拦腰抱住她说：

“妈妈，我最喜欢你穿这件衣服。”

她当时身上穿的是一件简单的睡袍。

当她穿上白色的工作服，她是一个极有效率的科学家；当她穿上晚礼服，她是宴会上受人尊敬的上宾。但此刻，她什么也不是，只是一个平凡的女人，安详地穿着一件旧睡袍，把自己圈在落地灯小小的光圈里，不去做智慧的驰骋，不去演讲给谁听，不去听别人演讲；没有头衔，没有掌声，没有崇拜，只把自己裹在柔软的睡袍里。

“妈妈，我最喜欢你穿这件衣服。”

因为，只要穿上那件衣服，她便不会出门了。她和女儿可以共享一件夜晚。

不管明晨有多长远的路要走，不管明天别人尊称我们为英雄还是诗人，今夜且让我们夫妻儿女共守一盏灯，做个凡人。平凡的生活其实才是最本质的生活；学会享受生活，从最平凡的事开始。

三个葬礼的故事

在我老家的杨姓家族史里，记载着三个关于葬礼的故事，并且代代相传，等到传给我的时候，也不知道传了多少代了。在我们家族里，大概是每个小孩6岁左右就会去学家谱，我们讨厌学那些枯燥的家规，大人们也麻木地说，这是一种形式和过场。但当大人们讲起祖先们的故事时，我们很兴奋，大人们也来了精神，其中就包括这三个葬礼的故事。

故事没有记载具体的时间，就说是很久以前（我们家族的许多故事就是以“很久以前”开头）我们祖先里有一个富人、一个穷人和一个乞丐，他们三个是邻居。乞丐光棍一条，父母早亡，从小乞讨，长大了当然没有结婚生子；穷人有幸娶了邻村的丑姑娘，生了不少孩子，结果只养活了一个儿子；富人生了三个儿子，儿子们长大了也是富人，个个都有出息。

到老的时候，富人、穷人和乞丐碰巧在一个月内先后死去。乞丐最先死，死在去外乡乞讨的路上。由于乞丐没儿没女，也没有人去收尸，被好心的过路人用一个破旧的草席卷了起来，扔在了野地里，简简单单埋了一下。几天后，乞丐的坟就被野狗和老鹰扒开了，吃去腐肉，只剩下一堆白骨。穷人死后，他唯一的儿子告知了父亲生前的几个亲朋友好，就按照村里的习俗把他埋了起来。富人死后，他的三个儿子悲哀无比，请了和尚来大做法事，吊丧的亲朋好友从四面八方涌来。据说这成了轰动一时的丧事，这样盛大的丧事也真是百年难遇。做丧事的同时，三个儿子请来最好的工匠给父亲做一副特制棺材，外用水泥建了一个坚固无比的坟墓，坟墓外修建了亭台楼阁，外表豪华气派，和他们这样的大户人家很相配。

轰动的丧事却为三个儿子引来了强盗，几百里之外的强盗打听到这里有个大户人家大做丧事。在做完丧事不到两个月后一个漆黑夜晚，强盗打着火把骑着大马冲进村里，把富人的庄院洗劫一空。回头还掘了富人的坟，掠夺了里面陪葬的金银珠宝，一把火烧毁了坟墓外的亭台楼阁。更可恶的是那伙强盗把富人的尸体拖走，扔到了几十里外的荒野里，直到七天以后三个儿子才找到富人破碎的衣衫，此时富人的腐肉也被老鹰和野狗吞光了，只剩下白骨和衣服残片。

乞丐和富人的残骸早就不知所终了，经过若干年的风风雨雨，至今那个穷人的墓还在，成了我们可以祭奠的最老祖先。

人这一辈子不能无所求，否则最终就会像那个乞丐一样，变得两手空空，一无所有，最终抛尸荒野。但若是我们太在乎人生的是是非非、荣华富贵，并拼命想固守这些东西，想造一个世界上最坚固的坟墓来占守那些身外之物，结果也只能是固守越严，失去越快。

焉知非福

1914 年 12 月，大发明家托马斯·爱迪生的实验室在一场大火中化为灰烬。这次火灾损失超过 200 万美金，但他之前却只投了 23.8 万的保险，因为实验室是钢筋混凝土结构，按理说应是防火的。那个晚上，爱迪生一生的心血和成果在蔚为壮观的大火中付之一炬了。

大火烧得最凶的时候，爱迪生24岁的儿子查里斯在浓烟和废墟中发疯似地寻找着父亲。他最终找到了：爱迪生平静地看着火势，他的脸在火光摇曳中闪亮，他的白发在寒风中飘动着。

“我真为他难过，”查里斯后来写道，“他都67岁——不再年轻了——可眼下这一切都付诸东流了。他看到我就嚷道：‘查里斯，你母亲去哪儿了？去，快去把她找来，她这辈子恐怕再也见不着这样的场面了。’”第二天早上，爱迪生看着一片废墟说道：“灾难自有它的价值。瞧，这不，我们以前所有的谬误过失都给大火烧了个一干二净，感谢上帝，这下我们又可从头再来了。”

火灾刚过去三个星期，爱迪生就开始着手推出他的第一部留声机。

灾难自有它的价值，有可能它还是一种福音。灾难可以将过去全部推翻，让我们在新的基础上重新开始，只要人还在，一切都可以重来，甚至会更好。将灾难作为新的开端，我们会走向更多的辉煌。

重复的风景

一日，某公司组织出去游玩。当一行几十个年轻人来到那个风景区时，他们开始感到十分新鲜好奇。可当他们继续往前走时，却发现这里的风景几乎是一样的。映入他们眼帘的却是重复不变的风景。有许多年轻人坚持不住了，他们说既然前面的风景都是一样的，何必那么累再往前爬呢。可他们的领队，一位三十多岁的保险公司的主任却鼓励大家继续往上爬。他说正因为我们已经爬到了半山腰，才更要爬到山顶去。

一个小时后，当他们终于爬到山顶时，他们简直不敢相信自己的眼睛，那连绵起伏的群山，那云雾缭绕的山谷，那满山苍翠密布的青松，那一览众山小的气魄让这群年轻人意外地感动了。他们没想到这不断重复枯燥的风景，堆砌出的却是最美的风光。

人生之旅如同爬山一样，只要你充满信心不停地跋涉，不断地在失望中培养自己坚忍不拔的品质，那么，当你经历了无数重复的风景后，你就会看到生命中最美的风光。

爱的力量

有一个住在非洲的印度教圣人，来到喜马拉雅山朝圣，那是最难达到的地方。在那个时候，要去那些地方的确非常困难，有很多人都一去不回——道路非常狭窄，而且道路的旁边是一万英尺的深谷，山道上终年积雪，只要脚稍微滑一下，你就完蛋了。现在情况比较好了，但是我所说的那个时候，它的确非常困难。那个印度教的门徒尝试去爬那山，他带很少的行李，因为要带很多行李在那些高山上行动非常困难，那里空气非常稀薄，呼吸很困难。

就在他的上方，他看到一个女孩，年龄不超过十岁。她背着一个很胖的小孩，一直在流汗，而且喘气喘得很厉害。当那个门徒经过她的身边，他说："我的女儿，你一定很疲倦，你背得那么重。"

那个女孩生气地说："你所携带的是一个重量，但是我所携带的并不是一个重量，他是我的弟弟。"他感到很震惊，那是对的，这之间有一个差别；虽然在磅秤上没有差别，不管你背的是你弟弟或是一个背包，磅秤上将会显示出它的实际重量。但是就心而言，心并不是磅秤，那个女孩是对的，她说："你所携带的是一个重量，可我不是，这是我弟弟，而我爱他。"

爱可以化解重量，爱可以消除重担，只要心中充满爱，再大的重量都是可以承担的，来自爱的任何反应也都是很美的。

好人不悔

15 年前一位名叫杜芸芸的年轻女工捐出 10 万遗产的新闻曾轰动一时，当时舆论对其人其事一致表示了肯定、钦佩和赞誉，这当然毫无疑义。

没想到 15 年后的今天，杜芸芸再次被新闻关注，大报小报文章的落点都在：她对她当初所做的抉择后悔吗？奇怪，她按照自己对生活的理解，作出并不卑下的选择，这是一件很好的事情，她为什么要后悔呢？

可这 15 年的确有太多太多的人写信，打电话询问她，后悔吗？人们遇到她，最想问的也是这么一句：后悔吗？

那些杀人抢劫者，那些贪污受贿者，收到的有关后悔不后悔的问句，恐怕也不及杜芸芸多。

这就让人不明白了，做好事的后悔难道比做坏事的后悔还要多吗？

也许是因为，那些案犯承认后悔，人们就不再追问；而杜芸芸表示不后悔，人们不信，才一再追问。

可以理解坏人的后悔，却无法理解好人的不后悔——直到如今，杜芸芸的境界还是高出芸芸众生。

正因为好人越来越少，人们才觉得好人有后悔的理由。当做好事成为一件悔事时，这是何等的悲哀！但毕竟总有不悔的好人，他们告诉世人：做好事是可以不必后悔的。但愿有更多的人可以理解。

停下

一条大河奔流在东南和西北的分界线上，南来的、北往的人川流不息，各怀梦想。江南的鱼米和塞外的牛羊仿佛数不尽的金矿，使人产生永远不厌倦的诱惑。但是，有一个人在河边驻了脚。没有谁知道他从哪里来，南方亦或北方，只是确认他停下了。安家、造船，他在大河上摆渡。

船越造越多，生意越做越大，有一天，他悠闲地坐在芦荻飘荡的堤岸，眺望着河面上忙碌的渡船，满意地笑了。他不曾鱼米满仓，不曾放牧牛羊，但谁又能否定他没有发现金矿！

竭尽全力地探索，恰如其分地停下，在选择的目的上巩固战果，同样是成功的表现。

幸福像一块砖

那天下午，他们终于离了婚。

他们是为一件很小的事离婚的。

揣着那张纸走出法院大门，男人请女人吃顿饭。女人默许了邀请。

那顿饭，他们一直吃到深夜。从饭店走出来时，天还下起了雨，坑坑洼洼的路面上霎时淌满雨水。

男人在前面，女人在后面。女人的眼近视，她小心地在水洼前穿行。

前面有一个很大的水洼，女人跨不过去。男人站在水洼这边，女人站在水洼那边。他们在怔怔地对视着。要是在以前，男人准会把女人抱过去，可是，现在他们离婚了。

男人找了两块砖，间隔开之后垫在女人的脚下。女人犹豫着踩了上去，男人轻轻握住她的一只手，她稳稳地走了过来。前面又出现一个大的水洼，男人又把砖垫在女人的脚下，女人又稳稳地走了过来……就这样，男人把女人送到了家。

分手的时候，他们都哭了。他们意识到了他们之间可怕的错误。

每一对凡夫俗妇的婚姻都要经过大大小小的水洼。最可怕的就是在水洼里的打斗，谁会不受到伤害？谁能不划上血痕？怎么能不两败俱伤？有一块砖，要垫在脚下，不要敲到头上。有时幸福就是这么简单。

安之

宋朝文学家苏东坡，有一个方丈知己佛印禅师。有一天两个人在杭州同游，东坡看到一座峻峭的山峰，就问佛印禅师："这是什么山？"

佛印说："这是飞来峰。"

苏东坡说："既然飞来了，何不飞去？"

佛印说："一动不如一静。"

东坡又问："为什么要静呢？"

佛印说："既来之，则安之。"

后来两人走到了天竺寺，苏东坡看到寺内的观音菩萨手里拿着念珠，就问佛印说："观音菩萨既是佛，为什么还拿念珠，到底是什么意思？"

佛印说："拿念珠也不过是为了念佛号。"

东坡又问："念什么佛号?"

佛印说："也只是念观世音菩萨的佛号。"

东坡又问："她自己是观音，为什么要念自己的佛号呢?"

佛印回答道："那是因为求人不如求己呀!"

只有在宁静平安的心境里，人才会生出更清澈的智慧，不至于因生活的奔波在红尘里迷失自我。如何才能求到宁静平安的心境呢？答案是"求人不如求己"。

给自己留一个空间

有这样一个故事，森林着火了，一只小鹿和一只大老虎被火逼到了一块草地上。为了避免被烈火烧焦，他们一起拼命地扑火，终于，他们安全了。这时大老虎又热又喝，昏死过去了，小鹿用蹄子使劲刨出一汪清泉，把清泉淋在老虎头上，灌进老虎嘴里，老虎苏醒了，在他刚刚恢复力气以后，第一件事，便是咬断了小鹿的脖子……这是一个童话。

然而这个故事却是生活中的一个事实。沿海某市天座电子有限公司为挽救濒临破产的星光电子公司，积极为他们提供资金和技术等帮助，使其起死回生。为了让星光电子公司有更好的发展，天座电子有限公司还将自己与国外合作的一批生意，让星光公司联手负责货物抵港督查，而星光电子有限公司几个人却在密谋后，人不知鬼不觉地把货物以极低的价格抛出，卷款而逃，使天座直接经济损失达一千万元。

我们无时不在渴望和平与友谊的鲜花绽放，但在我们的生活中还的确存在着虚伪和谎言，被虎杀死的小鹿正是因为只记得与老虎共患难时是伙伴，而忘了老虎还是他的敌人。

盒 子

过年，女儿去买了一小盒她心爱的进口雪藏蛋糕。因为是她的“私房点心”，所以她很珍惜，每天只切一小片来享受，但熬到正月十五元宵节，终于还是吃完了。

一天傍晚，她看着空空的盒子，恋恋不舍地说：

“这盒子，怎么办呢？”

我走过去，跟她一起发愁，盒子依然漂亮，是用闪烁生辉的金属薄片做成的。但这种东西目前不回收，而且，蛋糕又已吃完了……

“扔了吧。”我狠下心说。

“扔东西”这件事，在我们家不常发生。因为总忍不住怜物之情。

“曾经装过那么好吃的蛋糕的盒子呢！”女儿用眼神继续看着余芳犹存的盒子，像小猫用舌头一般。“装过更好的东西的盒子也都丢弃了呢！”我说着说着就悲伤愤怒起来，“装过莎士比亚全部天才的那具身体不是丢弃了吗？装过王尔德、装过撒母耳·贝克特、装过李贺、装过苏东坡、装过台静农的那些身体又能怎么样？还不是说丢就丢！丢个盒子算什么？只要时候一到，所有的盒子都得丢掉！”

那个晚上，整个城市华灯高照，在节庆的日子里，我却偏说些不吉利的话——可是，生命本来不就是那么一回事吗？

曾经是一段惊人的芬芳甜美，曾经装在华丽炫目的盒子里，曾经那么招人爱，曾经令人欣羡垂涎，曾经傲视同侪，曾经光华自足……而终于了却了人生一世。善舞的，舞低了杨柳楼心的皓月；善战的，踏遍了沙场的暮草荒烟；善诗的，惊动了山川鬼神；善聚敛的，有黄金珠玉盈握……而至于他们自己的一个肉身，却注定是抛向黄土的一具盒子。

“今晚垃圾车来的时候，记得要把它丢了，”我柔声对女儿说：“曾经装过那么好吃的蛋糕，也就够了。”

生命的规律在于不断地成长、衰老、死亡，然后新的生命诞生。该逝去的总会逝去，无须挽留，即使它曾经美丽、曾经辉煌，该丢弃的时候也无须婉惜。生命的美丽在于它的过程，好好珍惜这个过程就行了。

一棵树出名之后

有一座山多奇树。

好多好多年以前，有一位名画家上山，快登临顶峰时，坐下小憩，忽然发现前方一棵树斜出悬崖，虬枝奇干，他连声赞美，画心大发，那树于是跃然纸上。

这幅画参加画展，获奖、登报、选入画册，然后，被人们照着样子织成绵缎、烧在瓷上、印在衬衫上、刻在纪念品上，一时间弄得满世界都是。这棵树一举成名，所有的人都知道那山上有一棵奇树，所有的人上那座山都要寻那棵奇树，要与它合影，以证明自己去过了那座山。

出了名的树渐渐地就支撑不住自己的大名声了，但这时它已身不由己。出了名的树是不可以偷懒的，出了名的树尤其是不可以倒下的，那座山的主人这样想，所有见过与没见过这棵树的人都这样想。山的主人便在树旁搭了一间小矮屋，派了一个人日日夜夜看护着这棵树，至今已有好几个年头。厚厚一大册簿子，记录着这棵树的每一根松针掉落，每一片树皮剥脱，每一根枝干变异。但即使是这样细心呵护，这棵树亦已不行了，现在它必须随时随刻地依赖于一个可快速伸缩拆卸的撑驾，以勉强维持它的奇姿。

现在这棵树早已不是当初迎风傲雪、生机勃勃的那棵树了，可慕名前来的人们依然对它兴致盎然，它只为不扫人们的兴才勉强站着。

出了名的树其实只有一个极小的愿望，希望能跟它的所有同伴，如满山的“凡”树那样，自生自灭。

盛名之下，是一颗活得很累的心，因为它只是在为别人而活着。我们常羡慕那些名人的风光，可我们是否了解他们的苦衷？其实大家都一样，希望能为自己活着，自生自灭，这样的生活才更有意义。

真理常常很简单

路旁有两棵桃树，一棵在篱芭内，三棵在篱笆外。篱笆内的受到保护，枝繁叶茂；篱笆外的常被人攀折，疏枝横斜。春天，它们都开粉红色的花，秋天都结黄红色的果，不同的是，外面的年年硕果累累，里面的总是稀疏的几枚。

我每天走这条路，对这种现象不免困惑。直到有一年去一处果园参观，才知道果实的多寡与枝的疏密有关。枝疏者果众，枝密者果少。

大自然的许多奥妙与人生的某些现象常有相似之处。我有两位朋友，都是搞绘画的，一个在社会上流浪写生，一个在国画院做专职画家。流浪写生的，从城市到乡村，从山野到海滨，新疆、西藏、云南一路画去，食取裹腹，衣取避寒，没有学术会议，没有国内国外的参展，他心无旁骛，专心作画。做专职画家的人有 17 个头衔，理事、会长、评委、顾问、指导老师，应有尽有。每年的工作也丰富多彩，作画、开会、剪彩、辅导、义卖、参展、评奖，不一而足。

1998 年，两江文化艺术节上，他们的画共同在文化宫展出，来自国外和台港澳的人士参观后，出高价买走了流浪画家的所有作品，专职画家的画一幅都没有卖出。他很是伤心，来我家找先生喝酒，先生不知如何劝他，只说，他们有眼不识金镶玉，我看你的画就不错。我知道这是先生的鬼话。其实，谁心里都明白，他如果能把身边的事减少到手指数得清的程度，是不至于如此的。

这个世界上，简洁而执着的人常有充实的人生，把生活复杂化的人常使生命落空。这样的道理不是每一个人都能明白的，尤其是那些在世俗的道路上走得太远的人。

第八章
给梦想插上鲲鹏的翅膀

高扬信念

有两名年届70岁的老太太：一名认为到了这个年纪可算是人生的尽头，于是便开始料理后事；

另一名却认为一个人能做什么事不在于年龄的大小，而在于有什么想法。于是，后者在70岁高龄之际开始学习登山，随后的25年里，一直冒险攀登高山，其中几座还是世界上有名的高山。后来，她还以95岁的高龄登上了日本富士山，打破了攀登此山的最高年龄记录。她就是著名的胡达·克鲁斯太太。

影响我们人生的绝不是环境，也不是遭遇，而是抱有什么样的信念。只要心中的热情火焰没有熄灭，我的才能永葆青春。人生成功与否，很大程度上在于我们是否高扬信念。

探险家

一个极地控险家，先后征服了南极、北极。

他获得了无数枚勋章，但失去了双腿——被极地的严寒冻坏了。

在他晚年，一个记者问他：

“您是为获得勋章而感到自豪，还是为失去双腿感到后悔呢？”

老探险家闭上双眼，沉默许久，才喃喃地说：“那洁白的极地荒原，多么令人神往！”

在老探险家眼里，勋章、双腿都不能让他的心灵震撼，而对极地的征服与神往才是生命的意义所在。有一个圣洁的梦想，有舍弃一切的信念，还有什么危险不能克服？还有什么目标不能达到？

儿子的电话

我曾住过半年医院，在同一病房，有一位完全卧床不起的 K 先生，他每天的乐趣就是问护士："我儿子来电话了吗？"然后再听护士说声"来了"。起初，我想他那每天来电话的儿子真孝顺。但是，后来我知道这一切都是假的，他的儿子并未来电话，而是护士们在说谎，以鼓励他，让其对生命抱有希望。这是善意的、也是令人伤悲的谎言。

据说，K 先生刚住院时，他那当卡车司机的儿子的确每天给医院来电话，由于他的工作需要在全国各地奔跑，所以不能来医院探望。K 住院以后，曾几次病危，每到这时，只要护士说一声"你儿子来电话了"，他的病情就奇迹般地好转。

有一天，医院接到了 K 的儿子因交通事故而去世的噩耗，医院考虑到 K 的病情，就未将此事告诉他。从此护上们就开始说谎。

"今天我儿子说在哪里？"

"今天他说在浜松。"

"哎？昨天他还说在福冈，怎么今天又在浜松呢？"

这种谎言露馅的情况也有几次，但是护士们还是尽量使谎言完美些，在护士们交班时的联络事项中，也包括电话的事。在 K 病情稍有好转时，护士们还开玩笑说："你儿子说他去相亲了，但因对方不是你喜欢的类型，所以没谈成"。

但是，这些护士们的谎言未能持久。K 身体每况愈下，在弥留之际，K 好像已经知道了护士们制造的假电话，于是总是重复地说"谢谢！谢谢!”K终于病逝了，当护士们推着K的遗体出了病房、经过护士值班室前时，电话铃忽然响了，这一瞬间，大家都怔住了，不由地停下脚步，听着那响个不停的电话铃声，护士们都泪如雨下。

那个情景虽然已过去了十年，但至今仍清晰地印在我的脑海中。

对儿子的牵挂与思念支撑着老人对生命的希望，护士们也不得不编织一个善意的谎言。正因为人世间有了爱——老人对儿子的爱，护士们对老人的爱——奇迹之花才会盛开。有了希望，有了爱，我们在人生旅途上就不必再担心任何的艰难险阻了。

种花

有位盲人，一生中从事着一件工作：种花。

因为他的父亲是有名的花匠。子承父业，他别无选择。这是件残忍的事情。他天生是个盲者，从不知道花是什么样子。

别人告诉他：“花是美丽的。”他便用自己的手指细细地触摸，从心灵到颤抖的指尖，真切地体会美丽的确切含义；又有人告诉他：“花是香的。”他便俯下身去，用鼻尖小心地嗅出另一种芳香来。

几十年过去，盲人像对待亲人那样侍弄着花儿，他种的花，娇艳欲滴，芳香诱人，据说是小城里最为美妙的那种。数百盆月季、玫瑰、牡丹，以及那些叫不出名的名贵花种，让人们惊羡不已。

做事的成功与否，很大程度上并不在于所具备的外在条件，而在于是否用心去做。一个人专心致志于某件事，他就一定能干好，虽然他从没有见过那种东西。

留住希望的种子

从前有个孤儿，过着贫穷的生活。有一年冬天刚刚开始，他的全部口粮就只剩下父母生前为他留下的一小袋豆子了。但是，他强抑制住饥饿，把那一小袋豆子收藏起来，随后，靠捡破烂勉强度日。但在他心中总有一株株绿得可爱、绿得诱人的豆苗在蓬蓬勃勃地生长，他似乎真的看见了来年那饱满的豆荚。因此，那一个漫长的冬季里，他虽然多次险些饿昏过去，却一直不曾触过那一小袋豆子——那是希望的种子啊！

春天来了。孤儿把那一小袋豆子种了下去。经过一夏天的辛勤劳动，到了秋天，他果然获得了喜人的丰收。

丰收之后的孤儿并不满足，他还想获得更多的收获，于是他把收获的豆子又留下来继续播种、收获。就这样，日复一日，年复一年，种了又收，收了又种，不出几年，孤儿的田边地角，房前屋后全都种满了豆子。他很快告别了穷困，成为远近闻名的大富豪。

生活中谁都会遇到困厄和挫折，但只要你的希望之灯永不灭，对未来的憧憬犹存，就能克服一切困难，达到生命的巅峰。记住，无论有何种艰难，也要留住希望的种子。

信念值多少钱

罗杰·罗尔斯是纽约第53任州长，也是纽约历史上第一位黑人州长。他出生在纽约声名狼藉的大沙头贫民窟。这里环境肮脏，充满暴力，是偷渡者和流浪汉的聚集地。在这儿出生的孩子，从小就耳濡目染逃学、打架、偷窃甚至吸毒等事，长大后很少有人获得较体面的职业。然而，罗杰·罗尔斯是个例外，他不仅考入了大学，而且成了州长。

在就职的记者招待会上，到会的记者提了一个共同的话题：是什么把你推向州长座的？面对300名记者，罗尔斯对自己的奋斗史只字未提，他仅说了一个非常陌生的名字——皮尔·保罗。后来人们才知道，皮尔·保罗是他小学时的一位校长。

1961年，皮尔·保罗被聘为诺必塔小学的董事兼校长。当时正值美国嬉皮士流行的时代，他走进大沙头诺必塔小学的时候，发现这儿的穷孩子比“迷惘的一代”还要无所事事，他们不与老师合作，他们旷课、斗殴，甚至砸烂教室的黑板。皮尔·保罗想了很多办法来引导他们，可是没有一个是有效的。后来他发现这些孩子都很迷信。于是在他上课的时候就多了一项内容——给学生看手相。凡经他看过手相的学生，没有一个不是州长、议员或富翁的。

当罗尔斯从窗台上跳下，伸着小手走向讲台时，皮尔·保罗说，我一看你修长的小拇指就知道，将来你是纽约州的州长。当时，罗尔斯大吃一惊，因为长这么大，只有他奶奶让他振奋过一次，说他可以成为五吨重的小船的船长。这一次，皮尔·保罗先生竟说他可以成为纽约州的州长，着实出乎他的预料。他记下了这句话，并且相信了它。

从那天起，纽约州州长就像一面旗帜。他的衣服不再沾满泥土，他说话时也不再夹杂污言秽语，他开始挺直腰杆走路，他成了班主席。在以后的40多年间，他没有一天不按州长的身份要求自己。51岁那年，他真的成了州长。

在他的就职演说中，有这么一段话。他说：信念值多少钱？信念是不值钱的，它有时甚至是一个善意的欺骗，然而你一旦坚持下来，它就会迅速升值。

在这个世界上，信念这种东西任何人都可以免费获得，所有积累了庞大财富和达到目的的人，最初都是从一个小小的信念开始的。信念是所有奇迹的萌发点。

鸟与树

这是一个我听过的故事。

鸟飞的起点是巢，巢在树上。

鸟经历了漫长的飞行，无意间停到了树上。鸟累了、倦了，搭起一个简易的巢。

渐渐地，鸟觉得树好美、树好大，美得让她留恋、大得足以让她依傍——鸟爱了上树。

树是很平凡的。树的平凡中透着深沉，透着灵秀，树在鸟的眼中是成熟、是伟岸、是不可抗拒。鸟矛盾着：是继续远行，还是留下来陪树。树告诉鸟，如果我能够，我会陪你远行，困为我崇尚高远。但是我不能，我就希望有人会替我实现夙愿。

鸟飞走了。

爱是美的，离别是一种伤感的美，离别后永远地爱着，是一份亘古不变的辉煌。

鸟飞回来的时候，树已经倒下了——枯黄里带着坚毅，苍凉或透着甜蜜：鸟没有负他。

鸟为他衔来枝枝橄榄，鸟为他送来滴滴清泉；鸟夜夜啼唱，带血的歌声唤起树生的渴望。

又是一个雷电交加的夜晚，树在挣扎、鸟在歌唱。树的挣扎是对命运的反抗，鸟的歌声是对树的激扬。

故事的结局是鸟和树生命的重新开始。

我似乎觉得，我看见过，正在经历着。

人的一生，除了抗争便是歌唱。我们有很多梦想需要实现，我们有很多苦难需要承受，没关系，我们会顽强地抗争。与此同时，我们也在不停地歌唱，歌唱我们的梦想，歌唱我们的斗争，生命不息，歌唱不止。人生是一部抗争史，也是一部歌咏史。

不再害怕失败

以前，我是个做事害怕失败的人。那时抱着一个信条：不做是最保险的方法。所以也就总是一无所成。直到有一天在一本书中读到了关于一个人简历的文章，我这才如梦初醒，重新思考起自己的未来。这个人的简历是这样的：

22 岁　生意失败；23 岁　竞选州议员失败；24 岁　生意再次失败；25 岁　当选州议员；26 岁　情人去世；27 岁　精神崩溃；29 岁　竞选议员失败；31 岁　竞选选举人失败；34 岁　竞选参议员失败；37

岁 当选国会议员；39 岁 国会议员连任失败；46 岁 竞选参议员失败；47 岁 竞选副总统失败；49 岁 竞选参议员再次失败；51 岁 当选美国总统。

这个人就是阿伯拉罕·林肯。许多人认为他是美国历史上最伟大的总统。

“失败”是个消极的字眼，但是不可避免，我们每个人在人生的道路上，都会或多或少地遇到它。爱默生曾说过：“一心向着自己目标前进的人整个世界都给他让路。”我们之所以害怕失败，就是因为我们从来就没有想过自己也可以成功，也可站在万人注目的成功舞台上。

经营梦想

有一天，俄罗斯作家克雷洛夫在大街上行走，一个年轻的农民拦住他，向他兜售果子：“先生，请你买些果子吧，但我要告诉你，这筐果子有点酸，因为我是第一次学种果树。”年轻农民很笨拙地说着。

克雷洛夫对这个诚实的农民产生了好感。于是他买了几个果子，对他说：“小伙子，别灰心，以后种的果子就会慢慢地甜了，因为我种的第一个果子也是酸的。”农民听了很高兴，他为找到一个“同行”而高兴，说：“你也种过果树？”克雷洛夫解释说：“我的第一个果子是我写的《用咖啡渣占卜的女人》，可是这个剧本没有一个剧院愿意上演。”

任何事的成功除了机遇之外，也不可缺少经验积累和不懈的努力。每一个成功者，最初的时候也和我们一样，种下自己的果树，第一次收获的并不是甜甜的果子。有所不同的是，他们善于把梦想当作自己的目标，每天为这个目标努力工作和学习，从生活中寻找成功的钥匙。

窗景

两个重病患者同住在医院的一间病房里，病房只有一扇窗户。靠窗的那个病人遵医嘱每天须坐起来一小时以排除肺部积液，但另外一个却只能整天仰卧在床上。

两个病人天天在一起。他们互相将自己的妻子、儿女、家庭和工作情况告诉了对方，也常常谈起自己的当兵生涯、假日旅游等等。此外，靠窗的那个病人每天下午坐起来时，还会把他在窗外所见到的情景一一描述给他的同伴听，借以消磨时光。

就这样，每天下午的这一小时，就成了躺在床上无法动弹的那个病人的生活目标了。他的整个世界都随着窗外那些绚丽多彩的活动而扩大和生动起来。他的朋友对他说：窗外是一座公园，园中有一泓清澈的湖水，水上嬉戏着鸭子和天鹅，还穿行着孩子们的玩具船；情侣们手挽手地在湖边的花丛中漫步，巨大的老树摇曳生姿，远处则衬托着城市美丽的轮廓……随着这娓娓动听的描述，他常常闭目神游于窗外的美妙景色之中。

一天下午，天气和煦。靠窗的那个病人说，外面正走过一支游行队伍。尽管他的同伴并没有听到乐队的吹打声，但他的心灵却能够从那生动的描绘中看到一切。这时，他的脑海中突然冒出了一个从未有过的问题：为什么他能看到这一切、享受这一切，而我却什么也看不见呢？好像不公平嘛！这个念头刚刚出现时，他心里不无愧疚之感；然而日复一日，他依然什么也看不见，这心头的妒嫉就渐渐变成了愤恨。于是他的情绪越来越坏了。他抑郁烦闷，夜不能寐。他理当睡到窗户旁去啊！这个念头现在主宰着他生活中的一切。

一天深夜，当他躺在床上睁眼看着天花板时，靠窗的那个病人猛然咳嗽不止，听得出，肺部积液已使他感到呼吸困难。当他在昏暗的灯光下吃力挣扎着想按下呼救按钮时，他的同伴在一边的床上注视着，谛听着，但却一动也不动，甚至没有揿下身旁的按钮替他喊来医生，病房里只有沉寂——死亡的沉寂。

翌日清晨，日班护士走进病房时，发现靠窗的那个病人已经死去。护士感到一阵难受，但随即便唤来杂役将尸体搬走了——既不费事，也无须哭泣。当一切恢复正常后，病房里剩下的那个病人说他希望移到靠窗的床上。护士自然替他换了床位。把病人安置好后，她就转身出去了。

这时，病房里只有他一个人了。他吃力地、缓缓地支起上身，希望一睹窗外的景色——他马上就可以享受到窗外的一切景色了，他早就盼望着这一时刻了！他吃力地、缓缓地转动着上身向窗外望去——

窗外，只有一堵遮断视线的高墙。

对美好生活的向往是支持着与病魔抗争的坚强信念，靠窗的病人一直在诉说着一个美丽的诺言，支持病友也支持自己。然而，人性的天敌——嫉妒毁掉了这个美丽的诺言，也毁掉了这两个病人。当嫉妒的光芒强大起来时，希望之光也随之暗淡。

生命旅行的真谛

一位胆小如鼠的骑士将要进行一次远途旅行。

他竭力准备好应付旅途中各种可能遇到问题。他带了一把剑和一副盔甲，为的是对付他遇到的敌手；一大瓶药膏，为防太阳晒伤皮肤或藤条剐伤皮肤；一把斧子，用来砍柴火；一顶帐逢，一条毯子，锅和盘以及喂马的草料。

他出发了——叮叮，当当，咕咕，咚咚，似乎一座移动的废物堆。

他来到一座破木桥的中间，桥板突然塌陷，他和他的马都掉入河中，淹死了。临死前那一刻，他很懊悔，他忘了带一个救生筏。

命运加给我们的困难、艰辛，我们即使在最狂乱的梦境中也难以预想。倒是更欣赏那只备一条坚定的信念而断然前行的人，他们的旅行才更轻捷，更稳健。

生命

一棵小草见人们抬着锯子来锯身边的大树，小草对大树说道：

“呀！你的命真苦。从今天起你的生命就结束了。”

“不，对你来说是这样。”大树说，“要把我锯掉，用来架桥、作梁，才是我生命的真正开始。”

作为树，若不能被利用起来，它的价值也就得不到体现。树成为木材，即是生命的结束，也是生命的开始，因为它成长的目的就在于能作为有用的工具为人所用；如果它最终也没什么利用价值，那它的生命就没什么意义了。

做一个梦

十年前，一个只有高中学历且贫困潦倒的穷小子站在一座雄伟的办公大楼前，看着行色匆匆的白领阶层，无限感慨地说：有一天，我也会成为你们中的一员。

于是，他开始热情于自己那枯燥无味的工作，梦想着有一天他可以出人头地，但他最终没有成功。

两年后的一天，他偶然去听了一位大师的演讲。在那抑扬顿挫、绘声绘色、口若悬河的演讲中，他开始羡慕且崇拜那位大师。他幻想着有朝一日自己也可以站在台上，风度翩翩地面对台下千千万万观众，那是一种怎样的荣耀啊！他开始偷偷地做着演讲家的梦。

而八年后，谁也没有想到，在人们眼中一无是处的穷小子竟摇身一变成了一位街头巷尾人们谈之不尽的人物。他就是美国名噪一时的激励演讲大师——安东尼·罗宾。

后来，他写了一本畅销国内外的名书——《唤醒心中的巨人》。

是啊，没有做梦的念头，人生就注定不会成为赢家，而蕴藏在身上的才能则犹如一位熟睡的巨人，等待我们用梦去唤醒它。到那时候，梦就不再只是梦，而会是明明白白的现实。

学会种瓜

朋友经商欠下了一大笔外债，精神几乎崩溃，萌生了为生命画上句号的念头。内心苦闷的他，独自来到农家亲戚处小住，想让自己最后品味一下人间的恬静。

正是8月瓜熟开园的时节，田野里的瓜香吸引了他。守瓜田的老人热情地为他这位远道而来城里人摘来几个瓜，请他品尝。他本来没有心情吃瓜，出于礼貌就吃了半个，并随口夸赞几句瓜甜。

老人听到赞扬，心里格外痛快，便滔滔不绝地说起他种瓜的艰辛。4月播种，5月锄草，6月打杈，7月守护……老人半生都与瓜秧相伴，流过汗水也流过泪水：瓜苗出土时便遭大旱，他挑水浇瓜秧挑断过十根扁担；瓜儿坐胎收获在望时，一场冰雹袭来打碎了他的梦；瓜秧长势茁壮花儿开得金黄时，一场洪水把瓜秧泡成了“瓜汤”……老人说，人和老天爷打交道，少不了要吃苦头会受气，可你不低头，咬咬牙，挺一挺也就过去了，到时候收瓜的还是咱自己。缠树的藤子活得轻巧，可它一辈子抬不起头，身上没硬骨，风一吹就弯了腰。

朋友走时，在瓜棚前的小板凳上，压了一张百元的钞票。

5年后，一个大型现代化企业在朋友所在的城市里崛起，其产品远销到国外。

事业是挫折这根秧蔓上结的一颗瓜儿，它到底是苦瓜还是甜瓜，往往取决于人的耕耘程度。没有坐收其成的甜瓜，辛勤耕耘后也总会有苦尽甘来的一天。

人生魔术

有位家道殷实的青年爱上了一位小姐，那位小姐不仅人长得漂亮，而且穿着时髦，出手大方。小伙子已深深地爱上了她，对她从来都是言听计从，百依百顺。就在订婚的前一天，小伙子问女友，你希望得到什么定情物呢？小姐说，我想要一枚钻戒。于是小伙子爽快地买了一枚大钻戒送给她。

另有一位家境贫穷的青年，也爱上了一位姑娘，姑娘长相一般，但很懂得勤俭持家之道。订婚的前一天，小伙子问姑娘，我送什么给你做定情物呢？姑娘说，我只要一枚戒指，用玻璃做的。于是，小伙子花了几块钱，买了一枚玻璃戒指送给她。

二十年后，第一对夫妻已经把家产挥霍得差不多了，就连那枚钻戒也变卖了，她能戴得起的只有玻璃戒指了。

而第二对夫妻经过一番拼搏，渐渐地积累了一些财富，那枚玻璃戒指也被换了下来，变成了一枚钻戒。

人生如魔术。二十年的时间使一切都发生了变化，可见人的行为是可以改变一切的：它可以使玻璃变成钻石，也可以使钻石变成玻璃。而魔术师就是我们自己，一切，都在自己的掌握之中。

君子报仇

有一个人很不满意自己的工作。他忿忿地对朋友说："我的长官一点也不把我放在眼里，改天我要对他拍桌子，然后辞职不干。"

"你对于那家贸易公司完全弄清楚了吗？对于他们做国际贸易的窍门完全搞通了吗？"他的朋友反问。

"没有！"

"君子报仇十年不晚，我建议你好好地把他们的一切贸易技巧、商业文书和公司组织完全搞通，甚至连怎么修理影印机的小故障都学会，然后再辞职不干。"他的朋友建议："你用他们的公司，做免费学习的地方，什么东西都通了之后，再一走了之，不是既出了气，又学会了许多东西吗？"

那人听了朋友的建议，从此便默记偷学，甚至在下班之后，还主动留在办公室里研究商业文书的写法。

一年之后，那位朋友偶然遇到了他：

“你现在大概多半都学会了，可以拍桌不干了吧?”

“可是我发现近半年来，老板对我刮目相看，最近更是委以重任，又升官，又加薪，我已成为公司的红人了。”

“这是我早就料到的!”他的朋友笑着说，“当初你的老板极不重视你，是因为你的能力不足，却又不努力学习，而后你痛下苦功，认真勤勉，当然会令他对你刮目相看。只知抱怨长官的态度，却不反省自己的能力，这是人们常犯的错误啊!”

当我们不被重视的时候，我们应该好好反思一下：是不是我们的能力有问题。对于不被重视的最佳“报复行为”便是不断改造自己，提高自己的能力，当我们变得举足轻重时，别人还不重视我们，那我们的“报复”目的也就达到了。

希望之弦

一位弹奏三弦琴的盲人，渴望能够在他有生之年看看这个世界，但是遍访名医，都说没有办治他的眼睛。有一天，这位民间艺人碰见一个道士，这位道士对他说：“我给你一个能治好眼睛的药方，不过，你得弹断一千根弦，才可能打开这张单方。在这之前，它是不能生效的。”

于是这位琴师带了一位也是双目失明的小徒弟游走四方，尽心尽意地以弹唱为生。一年又一年过去了，在他弹断了第一千根弦的时候，这位民间艺人急迫地将那张永远藏在怀里的药方拿了出来，请明眼的人代他看看上面写着的是什么药材，好治他的眼睛。

明眼人接过单方来一看，说："这是一张白纸嘛，并没有写一个字。"那位琴师听了后潸然泪下，他突然明白了道士那"一千根弦"背后的意义。就是这一个"希望"，支持他尽情地弹下去，伴着他走过了53年的时光。

这位老了的盲眼艺人，没有把这故事的真相告诉他的徒儿，他将这张白纸慎慎重重地交给了他那也是渴望能够看见光明的弟子，对他说："我这里有一张保证治好眼睛的药方，不过，你得弹断一千根弦才能打开这张纸。现在你可以去收徒弟了。去吧，去游走四方，尽情地弹唱，直到那第一千根琴弦断光，就有了答案。"

能将希望之弦弹断一千根，就能将希望保持几十年，那么，生命中的那一点点小缺陷又算得什么呢？心中的那双慧眼早已洞穿了人生的真谛。心中永存着希望，我们便可以昂首阔步地走过人生。

上帝不敢辜负信念

15世纪中叶的一个夏天，航海家哥伦布从海地岛海域向西班牙胜利返航。经历了惊涛骇浪的船员都在甲板上默默祈祷：上帝呀，请让这和煦的阳光一直陪伴我们返回西班牙吧。

但船队刚离开海地岛不久，天气就骤然变得十分恶劣了。天空布满乌云，远方电闪雷鸣，巨大的风暴从远方的海上向船队扑来。这是哥伦布航海史上遭遇的最大一次风暴。哥伦布知道，这次或许就要船毁人亡了。他叹口气对船长说："我们可能消失，但资料却一定要留给人类。"哥伦布钻进船舱，在疯狂颠簸的船舱里，迅速地把最为珍贵的资料缩写在几张纸上，卷好，塞进一个玻璃瓶里，密封后，将玻璃瓶抛进了波涛汹涌的茫茫大海。哥伦布自信地说："也许是一年两年，也许是几个世纪，但它一定会漂到西班牙去，这是我的信念。它可以辜负生命，却绝不会辜负生命坚持的信念。”

幸运的是，哥伦布和他的大部分船只在这次空前的海上风暴中死里逃生了。1856 年，大海终于把那个漂流瓶冲到了西班牙的比斯开湾。上帝不会辜负生命的信念，上帝没有辜负哥伦布的信念。

上帝不会辜负信念，相反，上帝会对坚定的信念伸出援助之手。当然，把信念转变为现实，关键在于自身的努力，而有一个坚定的信念也就让人有了十足的动力，这是实现目标的基础。树立一个信念，为你的生命导航。

见好不收

美国田径名将卡尔·刘易斯曾获得过 9 枚奥运金牌。

1992 年巴塞罗那奥运会上，年届 32 岁的刘易斯拿到了他的第 8 枚奥运会金牌，在一般人看来，他应该激流勇退、见好就收了。

可刘易斯不，因而引出了他 3 年来连续不断的败绩。在令人瞩目的赛事上，他不是无权参赛，就是在首轮就被淘汰，惹得刻薄而势利的传媒说：“老刘”“堕落”到谁都敢输的地步。而勉强以第 3 名的身份捞到参赛资格的刘易斯在亚特兰大奥运会上，却再次夺得了世界冠军。

如果说人生如棋，那么输了就不来了的人，是懦夫；赢了就不来了的人，叫做见好就收。见好就收的人是聪明人，见好不收的人是人杰。

拆迁故事

拆迁是现代都市的常见现象。马路要拓宽、高楼要矗立，第一步便是拆迁。而对黎民百姓来说，故土犹难离，拆家迁居更是撕心扯肺的事情。于是就有了许多故事。

美国的一则拆迁故事差不多是一则笑话，一如既往地体现着美国佬的乐观幽默。它讲的是在一次重新勘定边界线时，国界线恰恰从弗朗西斯家中穿过，将其卧室和厨房一分为二。老头儿不知家将不存，还忿忿地说："我可不大愿意在一个国家吃饭，又在另一个国家睡觉。请问我从厨房回卧室需要出示护照吗？"

日本的故事美丽而感伤，恰如大和民族的特性。九州福冈市为了拓宽道路，准备砍倒一排正含苞欲放的樱树，福冈市民于心不忍，便联合上书请求市长让花谢后再行伐树。陈情表是一首小诗：

好花堪惜，但希宽限二旬；容得花开，艳此最后一春。

福冈市长进腾一马，满腹温柔，同意市民的请求，并回赠诗道：

惜花心情，正是大和至性；但愿仁魄长存，柔情永在。

获得"死缓"的花开了，这一年的花事奇好，一片轻红衬托着福冈市的碧空，樱树似乎通了人性，知道自己已是"最后一春"，于是竭尽艳色，以志永别。这番景象凄美动人，轰动一时，人们争相观赏并唏嘘再三。这件事最后惊动当局，改修道路，保留了这排樱树，因而留下了一段佳话。

而发生在中国的一则拆迁故事，则远远没有了这般的诗情画意。它非常现实、苦涩而悲凉。它说的是上海一处尘土飞扬、机器轰鸣的工地中，有一座破旧小房还艰难地支撑在那里。是一个"钉子户"

吗？户中是一对老夫妻，他俩唯一的儿子是一个三十多岁的弱智儿，常常离家出走，有时是半月或一个一月才回家一趟。这次房子要拆迁，但儿子已是两个月没回来了，老两口不敢动迁呵，他们怕傻儿子回家找不着爹娘。但破房实在影响工程，终于被拆了，老两口只好每天一大早来到工地，东一个西一个地守在工地的两头。在机器轰鸣声和尘土飞扬中，两颗白发飘飘的头颅就那么守候着，等着他们流浪归来的儿子。

拆迁并不意味着破坏，也不意味着过去的割舍。因为美好的事物总会有人尽力来保全，况且深厚的感情也是无法割舍的，对生活的热爱更是任何事情都无法改变的。

20年前的作业

在毕业20周年之际，省城的同学组织了这场同学联谊会。

联谊会上，大家把一直还住在乡间的原班主任用专车接了来。老人已年过古稀，头发全白了，手脚都已不便。同学们仿照原来教室的模样布置了聚会的会场，要求各位同学按20年前的座次坐好，将老师请到讲台前。

轮到同学座谈了。大家讲话中都先感谢老师的栽培。班主任听了也不说话，直到临近结束，才站了起来，说："今天我来收作业了。有谁还记得毕业前的最后一节课吗？"

那天是个晴天，班主任把大家带到操场上，说："这是最后一节课了。我布置一个作业，说易不易，说难不难。请大家绕这500米操场跑两圈儿，并记下跑的时间、速度以及感受。"说完便走了。

20 年后老师说话了："我离开操场后，在教室走廊上观看了同学们作业的完成情况。现在，20 年后的今天，我对作业讲评一下。跑完两圈儿的有 4 人，时间在 15 分 20 秒之内。1 人扭伤了脚，1 人因为跑得太快摔了跤，有 15 人跑过 1 圈儿后觉得无趣，退出后在跑道外聊天儿。其余的嫌事小，没有起步。"

大家惊异于老师记得如此清楚，一下子看到了老师昔日的风采，纷纷鼓掌。掌声落下，老师继续说："我就这次作业，并结合七十余年人生体验，送给各位四句话：其一，成功只垂青有准备的人；其二，身边的小蘑菇不捡的人，捡不到大蘑菇；其三，跑得快，还需跑得稳；其四，有了起点并不意味就有了终点。你们现在都是 36 岁左右的年纪，又处在世纪之交，尚不是对老师说感谢的时候。请多说说自己的人生作业。"

教室里顿时雅雀无声。

老师从小事中看出了人生的大道理，看出了成功的法则。是的，要成功就应该有充分的准备，从小事做起，一步一个脚印，坚持不懈地走下去，这样才能到达成功的彼岸。

寻找价值

有一位老翁将他白手起家的故事讲给儿子听，从未走出家门的儿子被老父的艰苦创业感动了，决定远离温馨之家，寻找宝物。于是，他特制了一艘坚固的大船，在亲友的欢送中驶向了大海。他驾船和险风恶浪搏斗，穿越无数岛屿，最后在热带雨林中找到一种高 10 余米的树木，这种树整个雨林也只有一两棵。如果砍下它一年后让外皮朽烂，留下木心沉黑的部分，一种无比的香气便散放开来；若把它放在水中，则不像别的树木一样漂浮，反而会沉入水底。青年为此发现而兴奋不已。

青年将香味无比的树木运到市场去卖，怎么也不见有人问津，这使他十分烦恼。而他身旁有人卖木炭，买者却很多。青年终于动摇了信心："既然木炭这么好卖，为什么我不把香树变成木炭来卖呢？"

后来，他就把香木烧成木炭，挑到市场，很快就卖光了。青年为自己改变了心意而自豪，得意地回家告诉他的老父。不料，老翁听了，泪水刷刷地落下来。

原来，青年烧成木炭的香木，是世上最珍贵的树木——沉香。老翁说：只要切下一块磨成粉屑，它的价值也会超过卖一年木炭的钱啊……

我们充满梦想，要爬山涉水，历尽千辛万苦寻找有价值的东西，可真正有价值的东西在自己手里却不能被发现，因而也不懂得珍惜。从珍惜自己，珍惜身边的东西入手吧，这些往往是你能抓住的最有价值的东西。

杯子的故事

你手头有一个杯子需要卖出，它的成本是 1 元钱，怎么卖？

仅仅是卖一个杯子，也许最多只能卖 2 元；

如果你卖的是一种最流行款式的杯子，也许它可以卖到三、四元；

如果它是一个出名的品牌的杯子，它说不定能卖到五、六元；

如果这个杯子据说还有些其它的功能的话，它可能卖到七、八元；

如果这个杯子外面再加上一套高级包装，卖 10 元 20 元也是可能的；

如果这个杯子正好是某个名人用过，与某个历史事件联系了起来，一不小心，卖一、二百元也有人要；

如果这个杯子有过一段更独特的经历，比如曾经随飞船上过太空之类，卖一、二千元或许也不算高了。

同样一个杯子，杯子里面的世界，它的结构、内容、功能等等依然如故，但随着杯子外面的世界变化，它的价值，却在不断地改变。

“功夫在诗外”，杯子外面的世界，永远会远远大于杯子里的世界。人之所以为人，一个重要的特点是他有想象、有思想，人的行为也总或多或少地融合了现实与想象。利用了外面的世界，杯子的价值才能被充分地挖掘出来。

我能应付过去

乔治的父亲曾经是拳击冠军。那天父亲对他讲了自己的一次赛事：“那是在一次全州冠军对抗赛上，对手是个人高马大的黑人，而我个子矮小，一次次被对方击倒，牙齿也出血了。休息时，教练鼓励我说：‘辛，你不痛，你能挺到第 12 局！’我也说：‘不痛。我能应付过去！’我跌倒了又爬起来，爬起来又被击倒了，但我终于熬过了第 12 局。对手颤栗了，我开始了反攻，我是用我的意志在击打，他倒下了，而我终于挺过来了。哦，那是我唯一的一枚金牌。”说话间，他咳嗽起来，额上布满晶莹的汗珠。他紧握着乔治的手，苦涩地一笑：“不要紧，才一点点痛，我能应付过去。”

那段日子，正碰上全美经济危机，乔治和妻子都先后失业了，为了存在，他们天天跑出去找工作，晚上回来，总是面对面地摇头，但他们不气馁，互相鼓励说："不要紧，我们会应付过去的。"

如今，一切都过去了，乔治一家又重新回到了宁静、幸福的生活之中。可每当在餐桌旁静静地吃着晚餐的时候，乔治总要想到父亲那句话。他要告诉他的子孙和他的朋友以及那些生活艰苦的人们，学会在困境中对自己说："瞧，我能应付过去！"

人生往往不是一帆风顺的，处于困境的时候，我们需要的是对生活的坚定信念，要学会对自己说："我能应付过去！"挺一挺，困难在不知不觉中就已慢慢远离我们，生活又会回归宁静、幸福。相信自己的能力，任何困难都不可能打倒我们，困难只是对我们意志的考验，我们总能应付过去的。

第九章
让温暖的力量从心底升起

诚实的艺术家

很久以前，希腊有一位国王很热衷于画画，他自己认为所画的画都很不错。国王时常把他画的画拿给部下们看，部下们都因为害怕国王发怒，所以个个都把国王画的画夸奖一通，国王因此也就非常地骄傲。

有一天，国王请来一位很有名的艺术家，并请艺术家鉴赏一番他画的画，艺术家还没等看完画，就对国王说："这些画画得很糟糕。"国王听后大怒，把艺术家关进了地牢。

过了一段日子，国王饶恕了那位艺术家，又把他请到宫殿一起进餐。进餐时，国王再次对艺术家提起他的画，问那些画画得如何。这时，艺术家立刻站起来，走到卫兵跟前说："把我送回地牢。"

面对权势和诱惑，能坚持讲真话的人实在是太少，不惜为讲真话承受苦难的人就更少了。诚实，其实需要很大的勇气。做一个真正的自己，说出自己想说的话，这是一个并不过分的要求，可也是不易做到的。拿出我们的诚实来，还世界一个"真"。

失败了也要昂首挺胸

巴西足球队第一次赢得世界杯冠军回国时，专机一进入国境，16架喷气式战斗机立即为之护航，当飞机降落在道加勒机场时，聚集在机场上欢迎者达3万人。从机场到首都广场不到20公里的道路上，自动聚集起来的人群超过了一百万。多么宏大和激动人心的场面！然而前一届的欢迎仪式却是一番景象。

1954年，巴西人都认为巴西队能获得世界杯赛冠军。可是，天有不测风云，在半决赛中巴西队却意外地败给法国队，结果那个金灿灿的奖杯没有被带回巴西。球员们悲痛至极。他们想，去迎接球迷的辱骂、嘲笑和汽水瓶吧，足球可是巴西的国魂。

飞机进入巴西领空，他们坐立不安，因为他们的心里清楚，这次回国凶多吉少。可是当飞机降落在首都机场的时候，映入他们眼帘的却是另一种景象。巴西总统和两万名球迷默默地站在机场，他们看到总统和球迷共举一条大横幅，上书：失败了也要昂首挺胸。

队员们见此情景顿时泪流满面。总统和球迷们都没有讲话，他们默默地目送着球员们离开机场。4年后，他们终于捧回了世界杯。

人不可能永远都是成功者，人也不可能永远都是失败者。面对失败，人们会从中吸取很多教训，为下一次成功打下基础；面对失败者，我们也不要苛求，应该给予更多的信任与支持。善待失败者是对失败的最大轻蔑。

摔坏小提琴

文艺复兴时期有好些精美的小提琴流传下来，价格很高。一次，有个著名的小提琴手将在某地演奏，他的小提琴价值五千元。有一些听众，为了想看一看那高贵的乐器，听一听它美妙的妙乐音，也跟着爱好音乐的人蜂涌而来。

高朋满座，小提琴手开始演奏了，那把引人注目的小提琴发出了异常美妙的乐音，使听众如醉如痴。但是一曲临终，余音袅袅，正当不少人惊叹于那把宝贝乐器的魅力的时候，音乐家突然转过身来，把小提琴在椅背上猛击一下，那珍贵的乐器立刻粉碎了。顿时，四座震惊。音乐会的主持人立刻跑了出来，宣布道：“各位，请静一下，此刻打碎的，并不是五千元的，而是一元六角五分的小提琴。音乐家所以要这样做，是要使大家知道音乐之妙，不尽在于乐器的好歹，而在于使用乐器的人。现在，他要以真正的、价值五千元的小提琴来演奏了。”于是，演奏者再度登场，那和刚才差不多的美妙的乐音悠然而起。这时，观众就再也不去注意乐器的价值，而专心欣赏着演奏者的技艺了。

音乐家希望别人欣赏的是他的音乐，而不是太多地关注他使用的乐器。我们在看待事物时，也不要局限于事物的表象，而应更多地注意它内在的本质。同样，在看待我们自己时，也不要苛求外在的环境、条件，最根本的还是完善自身。

每个人失去了一枚金币

每人失去了一枚金币，却赢得了更多的东西——这是东方的一个古老的教训。

一天，一个商人在大岛上沿着一条公路行走，他看到有一个小包掉在地上。他把小包捡了起来，把包打开。他吃惊地发现，里面有三枚金币，每一枚值一两黄金。他兴高采烈，准备带着这份意外之财回家去。这时，一个散步的人向这位商人走来，说，这个包是他的，是他掉在这里的。他当然要求把三枚金币还给他。

捡到金币的商人却不以为然。他声称：“谁捡到，就是谁的。”

两人都据理力争，吵个没完。他们俩是那样全神贯注，难以解脱，以致谁都记不清是什么时候两个人在争吵中仿佛自动调换了一下位置。

金币原来的主人突然说道：“其实，既然我已经丢了，那就丢了吧。”商人则回答：“总而言之，我是偶然捡到的，这钱不属于我。”

这样，他们的意见仍然完全相反。一个决意要还钱，一个再也不想要。他们又吵了。“还是请你拿去吧……”

“千万别这样，这钱现在是你的了。”他们又像起初一样，没完没了地争吵起来，不过彼此却互换了角色。

他们不知道如何解决才好，于是便明智地做出决定，请一位第三者做出裁决，对于他的裁决，他们将不再表示异议。

这样，他们就前去拜访当时最著名的法官：大冈忠相。

法官仔细地听取了他们俩人的申诉，然后做出了裁决：“你们谁都愿意让给另一人，这三枚金币由官方没收。你们既然都放弃了这笔钱的所有权，那你们是不会反对的。”这位大法官拿起三枚金币，走进了他的办公室。

两个人都呆在那里发愣，思索着什么，像是感到有点后悔似的……这时候，法官回来了，手里拿着两个小包。他又对他们说：“你们是那样固执，每个人都坚持自己有理，所以你们俩人都失去了这笔钱。这样，你们就得到了一个很好的教训：顽固坚持自己一成不变的想法，而不试图理解对方，就会受到损失。我也同样得到了一次重大的教训，那就是你们的谦虚和你们的慷慨所给予我的教训。因此，我要给你们每人送一份礼物。”

他递给每个人一个小包。每个包里装着两枚金币。

大法官大冈忠相从这件事得出结论说：“你们俩现在拿到的这四枚金币，就是你们带给我的那三枚，再加上我为了感谢你们对我的教育从自己口袋里拿出来的一枚。在这以前，你们每个人都认为自己有三枚金币，后来又失去了。从现在起，你们每个人都有了两枚金币，而且可以保存下去。你们每个人就都失去了一枚金币。我给添上了一枚，因此，可以说，我也失去了一枚金币。这样就使得我们大家都失去了同样的东西：一枚金币。这就是代价，我们三个人为了刚刚受到的教育都付出了同样的代价。”

今天，我们从古代东方的这则小故事里能够吸取些什么呢？如果顽固地坚持自私的利益，就只能导致粗暴和不平衡的解决方法，从而引起不可逆转的分裂。现在，我们应该开始意识到，我们要是互相敌对和互相损害，就什么也得不到，大家都必须付出重大的努力，才能一起得到共同的好处。

成功来自信誉

1835年，摩根先生成为“伊特纳火灾保险公司”的股东。不久，有一家在伊特纳火灾保险公司投保的客户发生了火灾，如果按照保险规定，完全付清赔偿金，保险公司就会破产。股东们纷纷要求退股。

摩根先生认为自己的信誉比金钱重要。他四处筹款并卖掉了自己的房产，低价收购了所有要求退股的股份。然后他将赔偿金如数返还给了投保的客户。

一时间，伊持纳火灾保险公司声名鹊起。

几乎已经身无分文的摩根先生成了保险公司的所有人，但保险公司已濒临破产。无奈之中他打出广告：凡是再参加伊特纳火灾保险公司的客户，保险金一律加倍收取。不料客户却蜂拥而至，伊持纳火灾保险公司也从此崛起。

成就摩根家族的并不仅仅是一场火灾，而是比金钱更有价值的信誉。还有什么比让别人都信任你更宝贵的呢？有多少人信任你，你就拥有多少次成功的机会。成功的大小是可以衡量的，而信誉是无价的。用信誉获得成功，就用一块金子换取同样大小的一块石头一样容易。

乞丐与露珠

一个乞丐很早上路了，当他把米袋从右手换到左手，正要吹一下手上的灰尘时，一颗大而晶莹的露珠掉到了他的掌心。

乞丐看了一会，把手掌递到唇边，对露珠说：“你知道我将做什么吗？”

“你将把我吞下去。”

“看来你比我更可怜，生命全操纵在别人的手中。”

“你错了，我还不懂什么叫可怜。我曾滋润过一朵很大的丁香花蕾，并让她美丽地开放。现在我又将滋润另一个生命，这是我最大的快乐和幸运，我此生无悔了。”

乞丐一下子停住了脚步。

作为露珠，被太阳蒸发，它就只能成为一缕水汽；若能滋润别的生命，它的价值也就得到了升华，自然也就无悔了。怎么才叫实现了生命的价值？以自我牺牲为代价换取的美丽必将永恒，也是对生命的最好回报。

雁过长空

秋天的一个下午，他与一个爱鸟的朋友坐在长江边的草地上，看天空中南飞的大雁。朋友问他：“你知道雁为什么要列队飞行吗？”

“不知道。”他如实回答。

“大雁列队飞行时，双翅扇动的气流，可以形成一股巨大的‘推力’和‘浮力’，整队的大雁就是利用这两种力，更加轻快地向前飞行。”

他深信朋友的话，并且铭记心中。后来，他成功了，他说他得益于朋友的这句话。

不管你与你的目标和希望有多远，只要你善于为人家提供足够的“气流”，同时利用人家为你提供的“气流”，你的“飞行”就会更加从容、自如。到达目的地时，你会感到这比独自“飞行”要轻松、高效许多。

人生许多事，要想成功，就得像大雁一样，因为每个人离成功的距离都是很大很大的，要想尽快地缩短这个距离，你就必须学会依靠他人，同时为他人提供你能营造的、使他人能够向前向上的“气流。”

对手

日本的北海道出产一种味道珍奇的鳗鱼，海边渔村的许多渔民都以捕捞鳗鱼为生，鳗鱼的生命非常脆弱，只要一离开深海区，要不了半天就会全部死亡。奇怪的是有一位老渔民，天天出海捕捞鳗鱼，返回岸边后，他的鳗鱼总是活蹦乱跳的，而其他几家全是死的。由于鲜活的鳗鱼价格要比死亡的鳗鱼几乎贵出一倍以上，所以没几年工夫，老渔民一家便成了远近闻名的富翁。周围的渔民做着同样的营生，却一直只能维持简单的温饱。老渔民在临终之时把秘诀传授给了儿子。原来，老渔民使鳗鱼不死的秘诀，就是在整仓的鳗鱼中，放进几条叫狗鱼的杂鱼。鳗鱼与狗鱼非但不是同类，还是出名的“对头”，几条势单力薄的狗鱼遇到成群的对手，便惊慌地在鳗鱼堆里四处乱窜，这样一来，反倒把满满一仓死气沉沉的鳗鱼给激活了。

一种动物如果没有对手，就会变得死气沉沉；同样，一个人没有对手，那他就会甘于平庸，养成惰性，最终导致庸碌无为。有了对手才会有危机感，才会有竞争力；有了对手，你便不得不发奋图强，不得不革故鼎新，不得不锐意进取，否则，就只有等着被吞并，被替代，被淘汰。

替代

有人牙痛得很厉害，坐在院子里决定不了是不是要去看牙医。

他想应该喝一杯茶、吃一片涂了果酱的面包，他把茶和面包拿到手上，然后咬了一口面包。他没有留意到有只黄蜂停在涂有果酱的面包上。他这一咬，激怒了黄蜂，就在他的牙龈上重重的叮了一口。他赶快跑进屋，照照镜子，发现牙龈肿得又红又大。他涂了药，又敷上冷手巾，痛才慢慢消失。黄蜂叮的痛消失以后，他突然发现牙痛也没有了。

一位医生听了这个故事之后说："在医学上，以痛止痛是相当平常的事。止痛的最有效的方法，是用另一种痛来抵消它。"

生命的规律是不能有空虚，要有替代。在我们的生活中，空虚是常有的事，这就需要我们学会寻找替代物。不要长久地停留在某个空虚或伤痛之上，试着用别的东西来替代它。

农夫和他的孩子们

农夫临终时，想让他的孩子们懂得怎样种地，就把他们叫到跟前，说道："孩子们，葡萄园里有个地方埋藏着财宝。"农夫死后，孩子们用犁头和鹤锄把土地都翻了一遍。他们没有找到财宝，可是收成很好的葡萄却给他们带来几倍的收成。

勤劳就是人们的财宝。或许我们一无所有，只要我们拥有勤劳这一优秀品质，我们就可以创造出无限的财富。我们自身蕴藏的宝矿是无穷的，只要勤于挖掘，我们一生都会享用不尽。请珍惜你身上的财宝。

蚂蚁吃蛇

这是1945年6月发生的事情。那时我还是中学生，家住辽东半岛南部。当地用柞树养蚕，那是当时农家的一项可观的副业收入。幼蚕放入山以后，必须有人看管，以免被鸟雀吃掉。星期天我上山替老爸看山，也不耽误我学习，拿本书坐在树下，有鸟雀飞来，喊几声就是了。

坐在树下，觉得好像有什么东西从脚边爬过。站起来仔细一看，原来是一条一尺多长的小青蛇，它要爬过的地方，正好是一个蚂蚁窝。蚂蚁正在忙忙碌碌，好像是要搬家，它们数不清有多少，黑压压一大片。小青蛇路过蚁窝，倚仗自己是蛇，比小小的蚂蚁要大得多，神气地要冲过密密麻麻的蚁群。

本来蚁群是有组织地从东向西移动。由于这庞然大物的闯入，所有的小蚂蚁都围着小青蛇忙起来了。

小青蛇可能认为小小的蚂蚁没什么可怕的，冲过去就是了。它昂起蛇头，瞪着那双突出的蛇眼，吐出那像火丝一样的舌头，想吓跑这些挡住它去路的小蚂蚁。但蚂蚁不买它的账，一层又一层地围过来。小青蛇使劲地甩动全身。蚂蚁被甩掉又上来，并用它那细而尖硬的嘴，咬住它不放。蚂蚁们一只又一只，全往上攻，场面十分紧张。

蛇走不了啦，昂起的头低下了。它只有使劲在原地翻滚、绞动，眼睛被咬出了血；它哆哆嗦嗦，有气无力地扭动着身躯，甩打几下尾巴。黑压压的蚁群，死死地咬住小青蛇。小青蛇没劲了，甩尾巴的劲也没了。最后只有伸直了身躯，稍微蠕动了几下，再也不动了。小青蛇变成了小黑蛇。

胜利属于团结又顽强的群体。小青蛇只剩下一条完整的蛇骷髅，它被蚂蚁吃掉了。

单个的蚂蚁是弱小的，微不足道的，但一群蚂蚁却可以吃掉一条蛇，胜利属于团结又顽强的群体。同样，在很多事情面前，我们个人的力量显得如此单薄，这时候别忘了我们的群体，团结大家的力量，将是无坚不摧的。

赶路

有一条小河，清澈见底欢畅地穿过树丛、村庄。因为这浅浅的浪花，行走的人不得不卷起裤脚，趟河而过。年轻力壮的好心人从山里背来了石块，丢在河中，以便行人能踏石通过。倘若修桥该多好，老人不必搀扶，孩子不必背抱，穷苦的村民盼望着。

终于，一个揣着钱袋的人经过此地，村民拦住了他。“行行善，积积德，替我们修座桥吧。”

路人微笑着，轻轻摇了摇头：“也许，等我回来时可以。”

“为什么现在不？”

没有申辩，没有解释，没有反驳，路人依旧微笑着跨河而去。

在不曾抵达目的以前，尽可能存好每一个铜板，尽可能不被眼前的事物牵扯，是成功的必备条件。因为说不定前面的路还很长。

我很重要

二战后受经济危机的影响，日本失业人数陡增，工厂效益也很不景气，一家濒临倒闭的食品公司为了起死回生，决定裁员三分之一。有三种人名列其中：一种是清洁工，一种是司机，一种是无任何技术的仓管人员，三种人加起来有三十多名。经理找他们谈话，说明裁员的意图。

清洁工说："我们很重要，如果没有我们打扫卫生，没有清洁优美健康有序的工作环境，你们怎么会全身心地投入工作？"司机说："我们很重要，这么多产品没有司机怎能迅速销往市场？"仓管人员说："我们很重要，战争刚刚过去，许多人挣扎在饥饿线上，如果没有我们，产品岂不要被流浪街头的乞丐偷光？"经理觉得他们说的话都很有道理，权衡再三决定不裁员，重制定了管理策略。最后经理令人在厂门口悬挂了一块大匾，上面写着："我很重要！"每当职工来上班，第一眼看到的是"我很重要"这四个字。

这句话调动了全体职工的积极性，几年后几公司迅速崛起，成为日本有名的公司之一。

生命没有高低，任何时候都不要看轻自己，在关键时刻，你敢说："我很重要"吗？试着说出来，你的人生也将由此揭开新的一页。

取胜之道

公牛队是篮球史上最伟大的一支球队。1998 年 7 月，它在全美职业篮球总决赛中战胜爵士队后，已取得第 2 个三连冠的骄人成绩。但公牛队的征战并非所向披靡，而是时刻遇到强有力的阻击，有时胜得如履薄冰。决战的对手常在战前仔细研究公牛队的技术特点，然后制定出一系列对付它的办法。办法之一，就是让迈克尔·乔丹得分超过 40 分。

这听起来挺滑稽，但研究者却言之有理：乔丹发挥不好，公牛队固然赢得不了球；乔丹正常发挥，公牛队胜率最高；乔丹过于突出，公牛队的胜率反而下降了。因为乔丹得分太多，则意味着其他队员的作用下降。公牛队的成功有赖于乔丹，更有赖于乔丹与别人的协作。

社会是一张网，个人是网上的点，不管你做什么事，你都以某种方式与别人发生着关联。与人协作也就是认识别人的价值，借用别人的价值，哪怕在最纯粹的理论研究领域，这一点也是很重要的。牛顿就说，他是站在巨人的肩膀上的。

游向高原的鱼

水从高原流下由西向东，渤海口的一条鱼逆流而上。

它的游技很精湛，因而游得很精彩。一会儿冲过浅滩，一会儿划过激流，它穿过无数水鸟的追逐。它逆行了著名的壶口瀑布，堪称奇迹。又穿过了激水奔流的青铜峡谷，博得鱼们的众声喝彩。它不停地游，最后穿过山涧，挤过石罅，游上了高原。

然而，它还没来得及发出一声欢呼，却在瞬间冻成了冰。

若干年后，一群登山者在唐古拉山的冰块中发现了它，它还保持着游的姿势。有人认出它是渤海口的鱼。

一位年轻人感叹，说这是一条勇敢的鱼，它逆行了那么远、那么长、那么久。

一位老者为之叹息，说这的确是一条勇敢的鱼，然而它只有伟大的精神却没有伟大的方向，它极端逆向的追求，最后得到的只能是死亡。

逆反是生活中不可缺少的精神，但逆反必须遵从自然规律和历史的选择，否则历尽艰辛得到的只能是毁灭。在你想要逆反的时候，一定要先慎重考虑好结果。

成败之间

某日翻阅杂志，无意中看到一则短文，其大意如下：贝尔发明了电话，但爱迪生，格雷和雷斯等人也都有按近电话的研究，其中雷斯是最为接近的，可为什么最高法院却将此项专利判给贝尔呢？原来雷斯没有把螺钉转动 1/4 周，把间歇电流转为等幅电流。而贝尔做到了，并使电话保持了畅通，他成了电话的真正的发明者。事情就是这样，有时我们和成功就只有一步之遥。

今年，曾哲从尼泊尔首都加德满都出发，沿着中尼公路，穿越了喜马拉雅，徒步走进西藏，走进拉萨。46 天，1099 公里的历程，其间的艰辛是可想而知的。用他自己的话说："旅途中我体验到的艰辛不完全是生理的，更多的是心理上的。每天最担心的是下一站睡在什么地方，不知前面有什么等着我，我还能不能活着出去的念头就在脑子里打转。但脚步却是不敢停的。无论走多慢，只要坚持，也许你就会发现自己不知不觉地突破了极限。"试想，曾哲如果中途放弃或改乘车辆前进，那么他对生命的诠释会不会像现在一样深刻呢？生命中需要太多的忍耐，只要你去做了，去坚持了，总会有所收获的。

人与人之间，弱者和强者之间，大人物与小人物之间，最大的差异就在于意志力量。一旦确立一个目标，就应该坚持到最后。反之，不管你拥有怎样的才华，身处怎样的环境，不管你拥有什么样的机遇，你都不能使一个两脚动物成为一个大写的人。

生命中的暗礁

有一个小伙子，从部队复员后被安排在某工厂当电工。小伙子上班不久，老电工就告诫他说，干电工可要小心，因为整天跟"电老虎"打交道，可不是闹着玩儿的。老电工还举实例说，某年某月，一名电工触电身亡，那人死的时候面目扭曲，身体蜷缩，可吓人呢。小伙子听了以后，顿感恐惧，在工作中更是胆小如鼠，整天提心吊胆怕被电死。

有一天，小伙子爬上一根电线杆去工作。这时，传达室里的一位老头在下边喊他，说有他的电话，小伙子答应一声，就准备下来。就在转身的时候，小伙子的后背触到一根电线，在场的人只听到“啊”的一声，小伙子就缩在电线杆上不动了。人们把他抬下来，发现他已经死了，样子跟电死的人一样，面目扭曲，身体蜷缩。但人们事后发现，小伙子被“电”死时，电闸是断开的，他接触到的那根电线根本就没有电。小伙子是被吓死的而不是被电死的。

世界上唯一可怕的东西是可怕本身。此言极是，你觉得它可怕，它就可怕；你觉得不可怕，它就不可怕。恐惧，是人生命中的一块暗礁，在人生中，只有具备“不怕死”的精神和胆略，才能够高扬起生命的风帆，一路远航。

四个饥饿的人

从前，有两个饥饿的人得到了一位长者的恩赐：一条鱼杆和一篓鲜活硕大的鱼。其中，一个人要了一篓鱼，另一个人要了一条鱼杆，于是，他们分道扬镳了。得到鱼的人在原地用干柴燃起篝火煮起了鱼，他狼吞虎咽，还来不及品出鲜鱼的肉香，转瞬间，连鱼带汤地被他吃了个精光。不久，他便饿死在空空的鱼篓旁。另一个人则提着鱼杆继续忍饥挨饿，一步步艰难地向海边走去，可当他已经看到了不远处那片蔚蓝色的海洋时，他浑身的最后一点力气也使完了，他也只能眼巴巴地带着无尽的遗憾撒手人间。

又有两个饥饿的人，他们同样得到了长者恩赐的一条鱼杆和一篓鱼，只是他们并没有各奔东西，而是商定共同去找寻大海。行程中，他俩每次只煮一条鱼，他们经过遥远的跋涉，终于来到了海边，从此，两人开始了捕鱼为生的日子。几年后，他们各自盖起了房子，有了各自的家庭、子女，有了自己建造的鱼船，过上了幸福安康的生活。

一个人只顾眼前利益，得到的终究是短暂的欢愉；一个人目标高远，但也要面对现实的生活。只有把理想和现实有机结合起来的人，才有可能成为一个成功之人。

水手

杰克住在英格兰的小镇上，他从未看见过海，因此他非常想看一看海。有一天他得到一个机会，来到海边。那儿正笼罩着雾，天气又冷，“啊，”他想，“我不喜欢海，幸好我不是水手，当一个水手太危险了。”

在海岸边，他遇见一个水手，他们交谈起来。

“你怎么会爱海呢?”杰克问，“那儿弥漫着雾，又冷。”

“海不是经常都冷，有雾。有时，海是明亮而美丽的。但在任何天气，我都爱海。”水手说。

“当一个水手不是很危险吗?”杰克问。

“当一个人热爱他的工作时，他不会想到什么危险，我们家庭的每一个人都爱海。”水手说。

“你父亲现在何处呢?”杰克问。

“他死在海里。”

“你的祖父呢?”

“死在大西洋里。”

“你的哥哥——”

“当他在印度一条河里游泳时，被一条鳄鱼吞食了。”

“既然如此，”杰克说，“如果我是你，我就永远也不到海里去。”

“你愿意告诉我你父亲死在哪里吗?”

“啊，他在床上断的气。”杰克说。

“你的祖父呢?”

“也是死在床上。”

“这样说来，如果我是你，”水手说，“我就永远也不到床上去。”

在懦夫的眼里，干什么事情都是有危险的，而热爱生活的人，却总是蔑视困难，勇往直前。做任何事都是有危险的，但只要你热爱生活，热爱你的工作，危险反而是一种调味剂，它会让你的人生更加多滋多味。

水枪下的猴子

有人做过这样一个实验：把6只猴子关到一个房间，在房间里放一个可达屋顶的梯子，然后在梯子顶端挂上一串香蕉，当第一只猴子爬上梯子，在它伸手几乎要碰到香蕉的时候，实验人员就用冰冷的高压水枪冲击这只猴子，直到它最终放弃去拿香蕉。如此一段时间后，所有的猴子都放弃了尝试。接下来进行实验的第二部分，实验人员用外面另一只猴子替换了房间中原有6只猴子中的一只。当这只猴子进入房间后，它发现了香蕉，于是一下子冲了过去。这时发生的情况很是奇怪，没等这只新猴上去，另外5只猴子早把它按倒痛打，直至它放弃那个念头。

接着另一只新猴子被放进来，换走了第一批中的另一只猴子。同样的事发生了，只不过打这只新猴子最狠的，是刚才那只先一步进来并挨打的新猴。如此继续实验，直到房间中的猴子全部换成了没有被水枪击中过的6只新猴子。接着实验人员拆除了水枪。但全部猴子居然没有一只试着去吃屋顶的香蕉。

是什么压制了群猴获得利益的努力呢？我们的领导是否充当了第一支水枪呢？群猴为什么视尝试者为敌呢？受打击者为什么更狠地打击后来者呢？这些都值得我们深思。

站在嫉妒的另一面

有这样一个故事：有个人幸运地遇见了上帝。上帝对他说：从现在起，我可以满足你的任何一个愿望，但前提是你的邻居必须得到双份。那人听了喜不自禁，但仔细一想后心里很不平衡：要是我得了一份田产，那邻居就会得到两份田产；要是我得到一箱金子，那他就会得到两箱金子；更要命的是，要是我得到一个绝色美女，那个注定要打一辈子光棍的家伙就可以同时拥有两个绝色的美女！那人想来想去，不知该提出什么愿望，因为他实在不甘心让邻居占了便宜。最后，他咬咬牙对上帝说："万能的主啊，请挖去我的一只眼珠吧！"

如果让人类的这种心态恶性循环下去，所有美好的东西都将成为嫉妒的陪葬品。这种由偏狭、自私而萌生的嫉妒显然是消极的，而奋发向上的强者萌生的嫉妒却是积极的——你好，我要比你更好！为了比别人做得更好，他们把嫉妒当作一种动力，激励自己努力进取。这是嫉妒的另一面。

马鞍藤与马蹄兰

马鞍藤是南部海边常见的植物。它的花介于牵牛花与番薯花之间，但比前两者花形更美、花朵更大、气势也更雄浑。因此，它盛开的时候就像开大型运动会，比赛似的。

马鞍藤有着非常强盛的生命力，在海边的沙滩上暴晒烈日，迎接海风，甚至给它灌溉海水都可以存活，有的根茎藏在沙中看起来已枯萎，第二年雨季时，却又冒出芽来。

这又美又强盛的花，在海边，竟少人会欣赏。

与马鞍藤背道而驰的是马蹄兰，马蹄兰的茎叶都很饱满，能开出纯白的恍若马蹄的花朵。它必须种在气温合适、多雨多水的田里，但又怕大风大雨，大雨一下就会淋破它的花瓣，大风一吹又使它的肥茎摧折。

这两种花名有如兄弟的花，却表现了完全相反的特质，当然，因为这种特质也有了不同的命运。马鞍藤被看成是轻贱的花，顺其自然生长或凋落，绝没有人会欣赏采摘；马蹄兰则被看成珍贵的花被珍爱着，而它最大的用途是用在丧礼上，它被看成是无常的象征。

人生，有时像马鞍藤与马蹄兰一样，会陷入两难之境，不过现代人的选择却越来越少，很少有人去选择马鞍藤的生活，他们只好做温室的马蹄兰。

使臣的请求

从前，一个王国有着一项很特别的习俗，任何人在国王的宴席上都不可以翻动菜肴，而只能吃上面的那部分。

一次，一个外国的使臣来到这个国家，国王非常高兴地设宴招待这个使臣。宴会开始了，侍者端上来一条盖着香料的鱼。这个使者不知道习俗，在吃鱼的过程中把鱼翻了过来。

大臣们看见了，齐声喊道：“陛下，您遭到了侮辱！在您以前从没有一个国王遭到这样的侮辱，您必须立即处死他！”

国王叹了口气，对使臣说：“你听见了吗？如果我不处死你，我就会受到臣民的嘲笑。不过，看在贵国和我国的友好关系上，你在临死前可以向我请求一件事，我一定应允。”

使臣想了想说：“既然是这样，我也没有办法。我就向您提一个小小的祈求吧。”

国王说：“好，除了给你生命，什么要求，我都能满足。”

于是使臣说：“我希望在我死之前，让每一个看见我翻转那条鱼的人都被挖去双眼。”

国王大吃一惊，连忙以上帝的名义发誓说自己其实什么也没看见，只不过听信了别人的话。

接着在一旁的王后也为自己开脱："仁慈的圣母在上，我可是什么也没看见啊。"

大臣们面面相觑，然后一个个站起来，指天划地发誓说自己也是什么都没看见，因此不应该被挖去眼睛。

最后，使臣面带微笑地站了起来："既然没有人看见过我翻动那条鱼，就让我们继续吃饭吧！"

最终使臣凭借自己的智慧又回到了故土。

这好像只是一个智慧故事，可是我们在佩服使者机智的同时，也会有另一些思考。那些所谓不可改变的原则和貌似忠诚的卫道者，其实并非无懈可击。当触及他们自身利益的时候，原则便被丢弃了。这个故事正可以帮助我们认识一些人的虚伪嘴脸。

走出森林，才能看到森林

罗兰·布什内尔是美国第一家电视电脑游戏机生产企业——阿塔利公司的创始人。他是个实干家和幻想家。在谈到成功的秘诀时，他说："我在白天是一个实干家，要完成没完没了的日常琐事；但到了黄昏，我就会成为一个幻想家。我的许多日后为我带来巨大商业利润的思路都是在休息时间和在度假时想到的。在工作时，我的脑子几乎全部用在那些平凡的事务中。可是，一旦不再工作时，可以有许多闲暇时间去考虑一些平时你所想不到的问题。电话铃不再响了，也没有人在后面催促你忙这忙那了，这样，你就有了时间思考。"

当你有了一种新的思维方式和判断力时，你就成了日常工作的旁观者，就会对昔日你自以为熟悉的一些问题有一种全新的视角和理解，并会就此提出一整套新的设想和创意，所谓"旁观者清"，说的就是这个道理——要知道，只有走出森林，我们才能看到森林。

分解成功

古印度人有个捕捉猴子的神秘妙法：在群猴经常出没的地方，放上一张装有抽屉的桌子，抽屉里放一苹果或者桃子，然后将抽屉拉开到猴子手能插进去而苹果却不能拿出的程度。这种方法使很多猴子成了猎人手到擒来的猎物。

有一天，一个猎人又用这个方法准备擒捉一只在附近栖息很久的猴子，但这次，那种方法并未奏效。

那只猴子先将一只手伸进抽屉里取苹果，但任它怎么努力还是取不出来。于是猴子又将另一只手也伸了进去，不一会儿，一个又大又圆的苹果被它用尖利的指甲抠成一堆苹果碎块。猴子扔掉果核，用手掏出抽屉里的苹果碎块有滋有味地吃起来。吃完后，它心满意足地扬长而去。这只聪明的猴子将苹果抠成碎片化整为零了，它因此而获取了整个苹果，避免了那些贪婪的猴子的失败的悲剧。

许多人贪恋成功，将自己的一生都紧紧系在一个硕大的成功果实上，结果就像那些紧紧拿住苹果而束手待擒的猴子一样，忙碌了一生，结果却连“苹果”的皮也没有尝到。只有先将成功一点点分解，虽然每次得到的只是微不足道的一点点，但一次又一次的积累，他们最终获取了圆满的成功。巨大的成功，其实是从细微的收获开始的。

完人

总经理对人事主任说：“调一个优秀可靠的职员来，我有重要的工作交给他做。”

人事主任拿了一件卷宗对总经理说：“这是他的资料，他在本公司工作二十年，没有犯过错误。”

总经理说：“我不要二十年没有犯过错误的人。我要一个人，犯过二十次错误，但是每次都能立即改正错误，并得到进步，他才是我需要的人。”

谨慎的自爱本是美德，但是倘若过分谨慎，就变成畏缩无能。人生有些痛苦是重要的，有些代价是要付的，有些过失是要犯的——但只犯一次，不犯第二次。

支撑

在一部叫不出名的电影里，有一群大象生活在一片荒原中，它们无忧无虑，幸福无比。有一天，病魔却突然降临到这个象群。

经过抗争，象群中的绝大部分都挣脱了病魔的纠缠。可是，却有一只小象一直没能恢复过来，它眼看就要因支撑不住而倒下。

然而，大象是不能倒的。它一倒下，就会因为巨大的内脏彼此互相压迫而损伤自己。倒下，意味着置自己于死地。就在小象即将倒下的那一刻，大象出面了，它们两个一组轮流用自己的躯体夹住小象的身体，支撑住这苟延残喘的生命，用自己的血肉之躯与命运抗争。奇迹发生了——在大象群体的呵护下，小象慢慢恢复了元气，终于病愈。

很多的时候，艰难困苦还不足以将我们击倒，可是我们自己却先支撑不住了，倒在地上，丧失了毅力和勇气。如果我们再忍耐一下，是不是也会像那只小象一样，重新恢复以前的斗志呢？

第十章
迎接阳光明媚的春天

为自己勾画出一幅清晰的蓝图

一位名叫威廉·丹佛斯的人，他是一家名为布瑞纳公司的老总。威廉·丹佛斯小时候很瘦弱，就好像许多健身广告里“练习前”的那种瘦身体型。他告诉我，他的志向也不远大。他对自己的感觉很差，加上瘦弱的身体，这种不安全感加深了。

但是，后来一切都改变了。他在学校里遇到一位好老师。有一天，这位老师私下把他叫到一旁说：“威廉，你的思想错了！你认为你很软弱，就真会变成这样一个人。但是，事实并非一定会这样，我敢保证你是一个坚强的孩子。”

“你是什么意思?”这个小男孩问，“你能吹牛使自己强壮吗?”

“当然可以！你站到我面前来。”

小丹佛斯站到老师的面前去。“现在，就以你的姿势为例。它说明你正想着自己弱的一面。我希望你做的是考虑自己强的一面，收腹挺胸。现在，照我所说的做，想象自己很强壮，相信自己会做得到。然后，真正去做，敢于去做，靠自己的双腿站在世上，活得像个真正的男子汉。”

小丹佛斯照着他的话去做了。我最后一次见到他时，他已经85岁，仍然精力充沛、健康、有活力。当我们分手时，他对我讲的最后一句话是：“记住，要站得直挺挺的，像个大丈夫!”

在心中为自己勾画出一幅清晰的蓝图十分重要，因为预定蓝图的好坏、强弱及你自己预想的成功或失败将会变成现实。一位心理学家说：“在人的本性中有一种倾向：我们把自己想象成什么样，就真的会成为什么样子。”

人不会永远倒霉

有一天，鲁宾斯刚走出办公室，就拦了一辆出租车。一上车便感觉到司机是个很快活的人。他吹着口哨，一会儿是电影《窈窕淑女》中的插曲，一会儿是国歌。看他乐不可支的样子，鲁宾斯便搭腔说："看来你今天心情不错！"

"当然喽！为何要心情不好呢？我最近悟出了一个道理，情绪暴躁和消沉都没好处，因为事情随时都会发生转机。"接着，他便给鲁宾斯讲了一个自己的故事。

那天一早，他开车出去，想趁上班高峰期多赚点钱。那天天真冷，好像用手一摸铁皮，马上就会被粘住似的。不幸的是，他才开出去没多久，车胎便爆了。他也快气炸了！他拿出工具来，边换轮胎，边嘟囔着。可是天气太冷，只要工作一会儿，便得动动身子，暖暖手指头。就在这时，一辆卡车停了下来，司机跳下车。使他更惊讶的是，卡车司机居然开始动手帮忙。轮胎修好之后，他一再道谢，但是卡车司机却挥挥手，不以为然地跳上车走了。

那位司机接着说："因为这件事，我整天情绪都很好。看来事情总是有好有坏，人不会永远倒霉的。起初因为轮胎爆了我很生气，后来因为卡车司机帮忙心情就变好了，连好运似乎也跟着来了。那天早上忙得不得了，客人一个接着一个，所以口袋里进的钱也多了。先生，塞翁失马，焉知祸福。不要因为事情不如意就心烦，事情随时会有转机的。"这就是个开放个性的例子，我们在生活中随时随地都可以发现这类例子。那位司机说，从此以后，他再也不会让人生中的不如意来困扰他了。他将一生信奉这种理论，认为世事随时会有转变，都可能否极泰来。这就是真正的开放个性。

不落入自怜的罗网里

8岁的富兰克林·罗斯福是一个脆弱胆小的男孩，脸上总显露着一种惊惧的表情。他呼吸就像喘气一样，如果被老师叫起来背诵，他立即会双腿发抖，嘴唇颤动不已，回答得含糊且不连贯，然后颓废地坐下来；如果他有一张好看的面孔，也许就会好一点，但他却是暴牙。

像他这样的小孩，自我感觉一定很敏锐，他们会回避任何活动，不喜欢交朋友，成为一个只知自怜的人！

但罗斯福却不是这样。他虽然有些缺陷，却保持着积极的心态，他积极、奋发、乐观、进取，这种积极心态，就激发了他的奋发精神。

罗斯福的缺陷促使他更努力地去奋斗，他并不因为同伴对他的嘲笑便降低了勇气，他喘气的习惯变成一种坚定的嘶声。他用坚强的意志，咬紧自己的牙床使嘴唇不颤动而克服他的恐惧。

他不把自己当作婴孩看待，而要使自己成为一个真正的人。他看见别的强壮的孩子玩游戏、游泳、骑马、做各种极难的体育活动时，他也强迫自己去参加打猎、骑马、玩耍或进行其他一些激烈的活动，使自己变为最能吃苦耐劳的典范。他看见别的孩子用刚毅的态度对付困难，用以克服恐惧的情形时，他也就用一种探险的精神，去对付所遇到的可怕的环境。因此，他也觉得自己勇敢了。当他和别人在一起时，他觉得他喜欢他们，并不愿意回避他们。由于他别对人很感兴趣，从而自卑的感觉便无从发生。他觉得当他用“快乐”这两个字去对待别人时，就不会惧怕别人了。

在未进大学之前，他已靠着自己不断的努力，有了系统地运动和生活，将健康和精力恢复得很好了。他利用假期在亚利桑那追赶牛群，在落基山猎熊，在非洲打狮子，使自己变得强壮有力。

就是凭着这种奋斗精神，凭着这种自信，罗斯福终于成了美国总统。

罗斯福不因自己的缺陷而自怜，甚至加以利用，将其变为资本，变为扶梯而爬到成功的巅顶。在他的晚年，已经很少有人知道他曾有严重的缺陷。美国人民都爱他，他成为美国第一个最得人心的总统，这种情况是以前未曾有过的。

态度会决定将来的机遇

“美国联合保险公司”业务部有个叫艾尔·艾伦的人，他一心想成为公司里的王牌推销员。他把自己读过的励志书籍和杂志中所介绍的积极心态原理拿来应用。在一本名为《成功无限》的杂志里，他读到一篇题为《化不满为灵感》的社论，不久，他就有了一个实践的机会。

一个寒风刺骨的冬天，艾尔在威斯康辛市区里冒着严寒，沿着街区一家家商店去拉保险，结果一个也没有拉成。他当然非常不满意，但他的积极心态却把不满转变成“灵感”。他突然想起自己读过的那篇社论，就决心一试。第二天从办事处出发前，他把自己前一天的失败告诉给其他推销员。他说：“等着看好了！今天我要再去拜访那些客户，并且会卖出比你们更多的保险。”

说也奇怪，艾尔真的办到了。他回到原来的市区里，再度拜访每一个他前一天谈过话的人，结果他一共卖出去66个新的意外保险。

做任何事，都不用消极的心态，而使用具有积极心态的威力，是许多杰出人士的共同特征。大多数人都以为成功是透过自己没有的优点而突然降临的，或是我们拥有这些优点，却视而不见。

把每一件事做得尽善尽美

当年轻的富兰克林尚在费城为挣得一个立足之地而苦苦挣扎时，那儿精明的商人已经预测到了，即便富兰克林现在囊中羞涩，生活困难，吃饭、睡觉、工作都是在同一间小屋，但这个年轻人必定前程无限，因为他是如此全身心地投入工作，如此渴望着大展宏图，如此地乐观自信。他经手的每一件事都能做到尽善尽美，这些都预示和象征着他未来的作为不可限量。当他还只是一个学徒期刚满的印刷工人时，他的工作质量就已经远远地超过别人了，而他的排版系统甚至比雇主的还要先进，人们纷纷预测有朝一日他肯定能取而代之，拥有自己的企业——历史证明他的确是做到了这一点。

在一个人的品位和内涵中，我们可以发现某些预示着他的未来的东西。他做事的风格，他对工作的投入程度，他的言行举止——所有的一切都表示着他会拥有什么样的未来。“如果你只是一个负责冲洗甲板的工人，那也得好好干，就像海神随时在背后监督着你一样。”狄更斯这样说。在生活中还有这样一种情况，那就是一个人可能对现状极度不满，但他并没有任何改进的意愿，也不想付出努力来达成目标，而仅仅是对自己的身份地位的不满。这并不总是意味着他有远大的抱负，也可能是懒惰、冷漠、玩世不恭、消极厌世的表现。

明确的目标是成功的起点

华特·克莱斯勒用毕生的积蓄买了一部车，他想要从事汽车制造，必须彻底了解汽车的构造与性能。他把汽车拆开，再重新组合起来，耗费了许多时间。他的举动使朋友们感到非常惊异，大家都认为他的心理有问题。然而，他坚持目标，终于在汽车制造行业赢得一席之地。

克莱斯勒的成功让你了解到，教育程度不高或资金不足，都不能影响你选择人生的目标。明确的目标让“不可能”这句话失去作用，它是所有成功的起点。不用花一毛钱，每个人都可以轻易拥有，只要你下定决心，确实执行。

不会跑的马

一个十几岁的男孩看到一个老农把一匹高高大大的白马拴在一个细细短短的木桩子上，非常惊讶。“它会跑掉的！”男孩担心地对老农说。

老农呵呵一笑，十分肯定地告诉男孩说：“才不会哩！”

男孩说：“为什么不会呢？这么细的小木桩，马打一个响鼻儿就可以把它拔出来。”

老农压低声音（似乎是怕被马听到）：“跟你说，当这匹马还是小马驹的时候，就给拴在这个木桩上了。一开始，它不肯老老实实地呆着，尥蹶子撒野地要从那木桩上挣出来。可是，那时它的劲儿太小，折腾了一阵子还是在原地打转转，它就蔫了。后来，它长足了个，也长足了劲儿，却再也没心思跟那个木桩斗了——那个木桩硬是把它给镇住了！有一回，我来喂它，故意把饲料放在它刚好够不着的地方，我寻思，它肯定要伸长脖子拼命去够，它一够，那木桩子就非拔出来不可。可你猜怎么着？它只是‘咴咴’叫了两声，脑袋就耷拉下来了。——你说，它多乖！”

其实，约束这匹马的不是那截细细短短的木桩，而是它用奴性建筑的牢狱，用惯性打造的枷锁。失败并不可怕，怕的是在多次失败后形成的奴性。

其实你也有问题

有个太太多年来不断指责对面太太很懒惰：“那个人的衣服，永远洗不干净，看，她晾在院子里的衣服总是有斑点，我真的不知道，她怎么连洗衣服都洗成那个样子……”

直到有一天，有个明察秋毫的朋友到她家，才发现不是对面的太太衣服洗不干净。细心的朋友拿了一块抹布把这个太太的窗户上的灰渍抹掉，说：“看，这不就干净了吗？”

原来，是自己家的窗户脏了。

当你背向太阳的时候，你只会看到自己的阴影，连别人看你，也只会看见你脸上阴黑一片。只拿愤世嫉俗来替代反省自己的机会，对自己的成长是一种最大的耽误。

懒惰的青年人

天黑了，所有的青年人都聚在茅舍里睡觉。其中一个对另一个说："朋友，把门关上！"

可是那个青年人回答说："你在干吗呢？为什么你自己不关啊？"

大家都不吭声了。后来又有一个青年人说："朋友，把门关上！"

有人回答说："算了，就这样睡吧。谁走运，谁就能保住性命！"

半夜里来了一只狮子，把躺在靠外边的一个青年拖走了。这时候有一个青年人又说："朋友们，咱们把门关起来吧！狮子已经拖走了一个伙伴啦！"

但是其他的人都说："你自己去关吧！"

于是他们又照老样子睡觉了。结果狮子一个接一个的，把所有的青年人都给拖走了。

这些青年人因为懒惰而丧了命，他们把自己的命押在是否走运的赌注上，都以为自己会是命运的宠儿，结果因此而付出了惨重的代价。人都有自我偏向，总以为百万分之一的车祸概率落不到自己头上，而同等概率的头彩却非自己莫属。还是尊重事实吧。

报复

一位画家在集市卖画。不远处，前呼后拥地走来一位大臣的孩子，这位大臣在年轻时曾经把画家的父亲欺诈得心碎而死去。

这孩子在画家的作品前面流连忘返，并且选中了一幅，画家却匆匆地用一块布把它遮盖住，并声称这幅画不卖。

从此以后，这孩子因为心病而变得憔悴；最后，他父亲出面了，表示愿意付出一笔高价。可是，画家宁愿把这幅画挂在他画室的墙上，也不愿意出售。他阴沉着脸坐在画前，自言自语地说：“这就是我的报复。”

每天早晨，画家都要画一幅他信奉的神像，这是他表现信仰的唯一方式。

可是现在，他觉得这些神像与他以前的神像日渐相异。

这使他苦恼不已，他徒然地寻找着原因；然而有一天，他惊恐地丢下手中的画，跳了起来，他刚画好的神像的眼睛，竟然是那大臣的眼睛，而嘴唇也是那么地酷似。

他把画撕碎，并且高喊：“我的报复已经回报到我的头上来了！”

害人终害己，人们做了害人的事之后总会受到良心的谴责，对别人的报复也会迟早回报到自己的头上来。我们在这世上共同生存，本不该相互伤害，而是相互扶持，这样大家才能和睦相处，共享幸福。记住，害人之心不可有呀。

聪明的爱国者

一个聪明的爱国者获准觐见国王。他从衣袋里取出一张纸条，说：“禀告陛下，我这里有一种配方，可以制造出任何武器都不能穿透的装甲钢板。如果皇家海军采用这些钢甲，我们的战舰将坚不可摧，战无不胜。这还有宫内大臣的报告，鉴定了我这项发明的价值。我愿以一百万当当的价钱出让这项专利。”

国王仔细审阅文件，然后向勒索部的财务大臣提取一百万当当。

“还有呢，”这个聪明的爱国者从另一个口袋里拿出一张纸条，“这是我发明的一种武器的制造方案，可以穿透那种钢甲。陛下的兄弟——邦国皇帝——急欲购买这项专利。但出于对陛下的王位的忠诚，我首先向陛下出售。价钱嘛，还是一百万当当。”

得到了另一张支票的许诺，他又把手伸进另一个口袋，谈论道：

“陛下，对付那种钢甲，我还有一种特殊的新方法，这是一种不可抗拒的武器。”“有鉴于此，”国王对手下人说，“请报告他有多少个口袋。”

细察完毕，杂役总管说：“陛下，四十三个”。

“禀告陛下，”聪明的爱国者惊慌地叫道，“有一个口袋装着香烟。”

“把他倒挂起来，摇一摇。”国王说，“给他一张四千二百万当当的支票，把他的行为列为一大罪状。”

（当当〈tumtum〉：象声词，指弹拨弦乐器所发之声。作者别出心裁，把它当作一种货币单位。——译注）

聪明反被聪明误，聪明被列为一大罪状实不为过。总把别人当傻瓜的人最终会吃到苦头的，自以为可以欺骗别人，在贪欲的怂恿下一次次玩着骗人的伎俩，他迟早会露馅的。不要低估别人的智商，谁也不比谁傻。

此岸彼岸

一条河隔开了两岸。此岸住着和尚，彼岸住着凡夫。和尚每天看见凡夫日出而作，日落而息，十分羡慕。凡夫每天看见和尚无忧无虑，诵经撞钟，十分向往。

日久他们的心中便产生了一个念头：到对岸去，到对岸去！

如此，他们在某一天达成协议。于是，凡夫变成了和尚，和尚变成了凡夫。

成了和尚的凡夫，不久便发现和尚并不好做，以前羡慕和尚的悠闲，做了和尚后，才明白正是这份悠闲，让他无所适从。从此他又对凡夫的生活百般怀念起来。

做了凡夫的和尚，更不能忍受尘世种种的烦忧、辛劳、困惑，于是他又记起作和尚的好处来。

日久，他们的心中又渐渐地产生了一个念头：到对岸去，到对岸去。

很多的时候，我们都像和尚与凡夫一样，站在生活的此岸，目光却总是盯着另一条岸，因为那一条岸里，有我们不曾涉及的内容。不曾涉及的，在我们看来总是美好的。而我们涉水而过，有时会猛然惊觉，我们已经失去了属于自己的那一条生活的河岸。

倘若拾到钱

有两个穷人，实在还不了债，趁黑夜外逃了。跑出很远，天也快亮了，两人心情也不那么急迫了，就边聊天边赶路。

其中一个人说："咱们这么走着，要是捡到一大笔钱的话，你说应该怎么办？"另外一个人说道："如果捡到那么多钱，甭说，见面分一半儿，得给我一半儿喽！"刚才那个说："你想什么呢？钱这东西，谁捡了就是谁的，凭什么我要分你一半呢？"另一个急了："噢，咱们一同出门，一起赶路，捡到钱了，你独吞啦！你是个贪财鬼、守财奴，根本不够朋友，你鸡犬不如，纯粹是衣冠禽兽！"他越说越激动。那个也急了："你说什么？什么叫衣冠禽兽、鸡犬不如？你再说一遍！""说就说，我怕你呀？"话音未落，两人就扭打起来，打得不亦乐乎。

这时，从对面走过来一个人："喂，你们这是干什么呀？到底为了什么呢？"说着，插在二人当中拉架。一个说："你看，我们两人一块儿出门，这小子捡着了钱，他不说分给我，要独吞！”又一个说：“我捡到的，就得归我，我愿意给谁就给谁，不愿意就不……”话没说完，另一个伸出拳头，又打了过来：“我叫你不愿意，尝尝我这个‘通天炮’吧！”劝架的说：“你们别着急，让我帮你们俩和解和解。这捡的钱到底在哪儿？一共是多少啊？”这一问，两个人都傻了，异口同声地答道：“还没捡到手哩！”过路的人说：“这不是没影儿的事吗？钱还没到手呢，打的哪门子架呀？”这一句话提醒了两个人，他们都觉得非常不好意思。

钱还没捡到就为分钱而大打出手，着实可笑。但这种事在我们的生活中却很常见，事情还没发生大家就在算计利益得失，勾心斗角。提醒这些被贪欲冲昏了头脑的人们：专心做你手头的事吧，这是你能抓住的实际利益。

算命

一个瞎子迫于生计，学会了算命。

请瞎子算命的人很多，瞎子渐渐积累了一笔可观的收入。瞎子异想天开抱着一点点希望到最好的医院去治眼睛，终于出现了奇迹，瞎子重见光明了。

瞎子恢复视觉后，说：“我能够看见命运了”。可是人们却不再找他算命了。

人们之所以相信瞎子能算命，是因为人们认为他的眼瞎了后可以开启天眼、看到普通人看不到的东西。而瞎子的眼睛好了，变得和其他人一样，人们自然也就不再信他那一套了。算命本就是人们在寻找心理的慰藉，满足他们的心理便是算命者的责任，瞎子要算命就不应该恢复视觉。

一只山羊

早晨，一只山羊在栅栏外徘徊，想吃栅栏里面的白菜，可是它进不去。

这时，太阳东升斜照大地，在不经意中，山羊看见了自己的影子，它的影子拖得很长很长。“我如此高大，定会吃到树上的果子，吃不吃这白菜又有什么关系呢?”它对自己说。

远处，有一大片果园。园子里的树上结满了五颜六色的果子。

于是，它朝着那片园子奔去。到达果园，已是正午，太阳当顶。这时，山羊的影子变成了很小的一团。“唉，原来我这么矮小，是吃不到树上的果子的，还是回去吃白菜的好!”于是，它怅然不悦地折身往回跑。跑到栅栏外时，太阳已经偏西，它的影子重又变得很长很长。

“我干吗非要回来呢?”山羊很懊恼，“凭我这么大的个子，吃树上的果子是一点问题也没有的。”

许多时候，人们对自己的优势视而不见。殊不知，在轻易丢弃自己明显的优势、追寻另外优势的同时，却发现这一优势并不完全适合自己。怕只怕，到头来，连自己的优势也消失殆尽了。

生命的得失

一个婴儿刚出生就夭折了。一个老人寿终正寝了。一个中年人暴亡了。他们的灵魂在去天国的途中相遇，彼此诉说起了自己的不幸。

婴儿对老人说：“上帝太不公平，你活了这么久，我等于没活过就失去了整整一辈子。”

老人回答："你几乎不算得到了生命，所以也就谈不上失去。谁受生命的赐予最多，死时失去的也最多。长寿非福也。"

中年人叫了起来，"有谁比我惨！你们一个无所谓活不活，一个已经活够数，我却死在正当年，把生命曾经赐予的和将要赐予的都失去了。"

他们不觉到达天国门前，一个声音在头顶响起：

"众生啊，那已经逝去的和未曾到的都不属于你们，你们有什么失去的呢？"

三个灵魂齐声呼喊："主啊，难道我们中间没有一个最不幸的人吗？"

那个声音答道："最不幸的人不止一个，你们全是！因为你们全都自以为所失最多。谁受这个念头折磨，谁的确就是最不幸的人。"

我们的生命中总是有得有失，如果我们把注意力放在"得"，我们会觉得自己拥有了许多，非常富有，非常幸福；反之，我们便会不停地为所失去的东西而懊悔、哀叹。其实，生命中的一切本来就不属于我们，曾经拥有过，我们为之庆幸，失去了，那也没关系。这样的人生才是真正幸福的。

一个人的一生

那时他还年轻，凡事都有可能，世界就在他的面前。

一个清晨，上帝来到他身边："你有什么心愿吗？说出来，我都可以为你实现，你是我的宠儿。但是记住，你只能说一个。"

"可是，"他不甘心地说，"我有许多的心愿啊。"

上帝缓缓地摇头："这世间的美好实在太多，但生命有限，没有人可以拥有全部，有选择，就有放弃。来吧，慎重地选择，永不后悔。"

他惊讶地问："我会后悔吗？"

上帝说："谁知道呢。选择爱情就要忍受情感的煎熬，选择智慧就意味着痛苦和寂寞，选择财富就有钱财带来的麻烦。这世上有太多的人在走一条路之后，懊悔自己其实该走另一条道。仔细想一想，你这一生真正想要的是什么？"

他想了又想，所有的渴望都纷至沓来，在他周围飞舞。哪一件是他不能舍弃的呢？最后，他对上帝说："让我想想，让我再想想。"

上帝说："但是要快一点啊，我的孩子。"

从此，他的生活就是不断地比较和权衡。他用生命中一半时间来列表，用另一半的时间来撕毁这张表，因为他总发现他有所遗漏。

一天又一天，一年又一年。他不再年轻了，他老了，他更老了。上帝又来到他面前："我的孩子，你还没有决定你的心愿吗？可是你的生命只剩下的5分钟了。"

"什么？"他惊讶地叫道，"这么多年来，我没有享受过爱情的快乐，没有积累过财富，没有得到过智慧，我想要的一切都没有得到。上帝啊，你怎么能在这个时候带走我的生命呢？"

5分钟后，无论他怎么痛哭求情，上帝还是满脸无奈地带走了他。

可后来许多人都说，他其实还在这世间活着。

确实，这样的人在世上还有很多，他们的一生都是在思索、选择中度过，而不是确切地去执行某一个选择。人生无处不是在选择，既然无法拥有一切，那就会有取有舍；若要贪全，恐怕最后只能是一无所得。

欲念与需氧量

有位叫蒙克夫·基德的登山家，在不带氧气的情况下，多次跨过6500米的登山死亡线，并且最终登上了世界第二高峰——乔戈里峰。他的这一壮举1993年载入世界吉尼斯纪录。

过去，不带氧气瓶登上乔戈里峰是许多登山家的愿望。但是一旦超过 6500 米，空气就稀薄到正常人无法生存的程度，想不靠氧气瓶登上近 8000 米的峰顶，确实是一个严峻的挑战。可是，蒙克夫做到了，在颁发吉尼斯证书的记者招待会上，他是这样描述的：我认为无氧登山运动的最大障碍是欲望，因为在山顶上，任何一个小小的杂念都会使你感觉到需要更多的氧。作为无氧登山运动员，要想登上峰顶你必须学会清除杂念，脑子里杂念愈少，你的需氧量就愈少；欲念愈多，你的需氧量就愈多。在空气极度稀薄的情况下，必须学会排除一切欲望和杂念。

我们都或多或少地在贫困中支撑过，在金钱始终不甚宽裕的日子里生活过。你是否发现，一旦我们的心中充满欲望，就会感到需要钱，并且欲望愈大，愈是感觉到需要更多的钱，尤其是沉溺于享乐时更是如此，这样的人在生活和事业上是登不上顶峰的。

穷汉的梦

一位衣着华丽的贵妇人住在花园环绕的宾馆里，她的司机每天上午 11 点钟前来接她。一天，她正准备上车，注意到马路对面的凳上坐着一个衣衫褴褛、形如乞丐的男子，他正仰着头深情地凝望着宾馆。第二天他还在那儿，第三天，第四天……每天如此，这引起了贵妇人的好奇，这天她让司机稍等片刻，自己穿过马路朝这个男子走去。

“我只想知道你为什么每天这样凝视着宾馆？”穷汉苦笑着说：“夫人，我没有钱，我活得很不成功，如果警察不撵我，我就睡在这张凳子上。我梦想着有一天，哪怕只有一次，能在这座漂亮的宾馆里过上一夜。”贵妇人高兴地说：“今天晚上你的梦想就要实现，我将开宾馆里最好的房间让你过夜。”第二天早上，贵妇人邀请穷汉共进早餐。

“昨晚你睡得怎样？”

穷汉面带失望：“我绝不会再来，昨晚还不如我在凳子上睡得好。”

“天哪，怎么回事？你觉得床不够舒适，不够温暖吗？”

“不是那么回事。你知道吗？睡在凳子上时我能梦见宾馆里舒适的软床，可是昨夜睡在宾馆里，我一整夜都梦见自己睡在公园的长凳上。”

人们处在穷困状况时，都会期待现状得到改善，生活充满了希望。而处于富有、幸福时，很多人却因害怕失去这一切而成天忧心忡忡。患得患失，这是许多人的通病，人们也因此而忽略了对幸福的享受。

大胡子

有一个老人，非常喜欢留大胡子，花白的胡子足有一尺长。

有一天，老人在门口溜达，邻居家五岁的小孩儿问他：

“老爷爷，你这么长的胡子，晚上睡觉的时候，是把它放在被子里面的呢，还是放在被子外面？”

老人竟一时答不上来。

晚上睡觉的时候，老人突然想起小孩子问他的话。他先把胡子放在被子外面，感觉很不舒服；又把胡子拿到被子里面，仍然觉得很难受。

就这样，老人一会儿把胡子拿出来，一会儿又把胡子放进去，整整一个晚上，他始终想不出来，过去睡觉的时候，胡子是怎么放的。

第二天天刚亮，老人就去敲邻居家的门。

正好是小孩子来开门，老人生气地说：“都怪你这小孩，让我一晚上没睡成觉!”

事情既可以这样，也可以那样，然而总有无聊的人在担忧：事情是这样，为什么不那样？于是便在这样、那样间不知取舍。其实，很多时候我们都是在庸人自扰，为自己找麻烦，问题的解决本是非常简单的：你随便选择一个就可以了。

快乐的根源

有一个富商，生意做得红火，每日操心、算计，很是烦恼。紧挨他家住着一户穷苦人家，夫妻俩以做豆腐为生，虽说是清贫辛苦，却有说有笑。富商的太太见此情景心生嫉妒，说：“唉！别看咱家里嵌银镶玉，可我觉得还不如隔壁卖豆腐的穷夫妻，他们虽说穷，可快乐值千金呀!”富商听太太这样讲，便说：“那有什么，我叫他们明天就笑不出来。”言罢，他一抬手将一只金元宝从墙头扔了过去。次日清晨，那对穷夫妻发现了地上那块来历不明的金元宝，欣喜异常，都说发财了，再不用磨豆腐了。可是用这些钱干点什么呢？他们盘算来盘算去，又担心被左邻右舍偷去了钱财。如此这般，夫妻俩茶饭不思，坐卧不宁。自此，再也听不到他们的笑声了。一墙之隔的富商对太太说：“你看，他们不说了，不笑了，不再唱歌也不再干活了——当初我们不也是这样开始的吗?”

有些时候，剥夺人生快乐的与其说是刀兵相见，不如说是物欲圈套；耗尽我们生命的与其说是穷困的折磨，不如说是琐碎的诱惑。要想人生轻松快乐，就应该抑制自己对钱财的太多欲求，抵挡住诱惑。

可悲的马

很久很久以前，有一匹英俊高大的马（据说是现在马的祖先），发现了一处非常好的草场。就在这匹马万分高兴的时候，有一只美丽的梅花鹿跑过来吃草。这美丽的小鹿也是头一次吃这样好吃的草，自然就非常投入地吃了起来。那匹马看到小鹿也来吃草，就气势汹汹地跑了过来，大声吼道：“这是我的草场，给我滚出去！你这个不知好歹的小家伙。”小鹿抬起头，看到的是一匹高大的马，便和气地说：“马伯伯，你说这是你的草场，有证据吗?”马气愤地说：“你等着，我这就去找证人去。”

这匹马飞一样地跑走了，它在山下发现了一户人家，一家人正在种地。白马非常有礼貌地对这家主人说：“请你上山为我做证好吗？我要成为那片草场的主人，要把小鹿和其他的动物们赶走。”这家的主人想了想说：“我可以答应为你做证，但你也要答应我一件事，我要给你戴上笼头和马蹄铁……”为了要那片草场，这匹马爽快地答应了这个人的要求。

这个人给马戴上了笼头和马蹄铁，骑着马来到了那片美丽的草场，他为白马做证，草场是属于这匹马的。善良诚实的小鹿和其他小动物们都相信了这个人的话，它们从此再也不来这片草场吃草了，白马真的成了那片草场的主人。不过，因为那个给马做证的人给它戴上了笼头和马蹄铁，他就每天都牵着白马去耕地、驮东西。只有主人家没活干的时候，才牵着马出来到那片属于白马的草场上吃草饮水。

有许多人，就像那匹白马，因贪欲太多，而失去了自由，失去了自我，失去了生命中美好的一切……而成了某种欲望的奴隶。他们失去的其实比得到的多得多。

相貌问题

公司新来一位女大学生，就坐在他的对面。

女大学生年轻又漂亮，每天上班，都让他赏心悦目。

一日公司开大会。会议室是长方形的，围成圈坐，女大学生恰好又